OBSERVATIONS

ET

EXPÉRIENCES PHYSIQUES

SUR PLUSIEURS

ANIMAUX MARINS ET TERRESTRES.

OBSERVATIONS

ET

EXPÉRIENCES PHYSIQUES

SUR

LA BULLA LIGNARIA
L'ASTÉRIAS
L'OCTOPUS VULGARIS ET LA PINNA NOBILIS
LA REPRODUCTION DES TESTACÉS UNIVALVES MARINS
MŒURS DU CRUSTACÉ POWERII
MŒURS DE LA MARTRE COMMUNE
FAITS CURIEUX D'UNE TORTUE
L'ARGONAUTA ARGO
PLAN D'ÉTUDE POUR LES ANIMAUX MARINS
FAITS CURIEUX D'UNE CHENILLE

Dédiées à l'illustre Professeur OWEN F. R. S.

PAR

Mme Jeannette POWER, née DE VILLEPREUX

MEMBRE CORRESPONDANT DE LA SOCIÉTÉ ZOOLOGIQUE DE LONDRES, HONORAIRE DE L'UNITED SERVICE INSTITUTION DE LONDRES, CORRESPONDANTE DE LA SOCIÉTÉ DES SCIENCES MÉDICALES ET NATURELLES DE BRUXELLES, MEMBRE FONDATEUR DE LA CUVIÉRIENNE DE PARIS, DE LA SOCIÉTÉ DES BELLES-LETTRES, SCIENCES ET ARTS DE MARSEILLE, DE LA SOCIÉTÉ IMPÉRIALE ACADÉMIQUE DU DÉPARTEMENT DE LA LOIRE-INFÉRIEURE, DE LA SOCIÉTÉ POLYMATIQUE DU DÉPARTEMENT DU MORBIHAN, DE L'ACADÉMIE GIOENIA DES SCIENCES, LETTRES ET ARTS DE CATANIA, DE L'ACADÉMIE DES SCIENCES ET LETTRES DE PALERME, DE L'ACADÉMIE ROYALE PELORITANA DE MESSINE, DE L'ACADÉMIE DE LA CIVETTE DE TRAPANI, DE L'ACADÉMIE DES SCIENCES, LETTRES ET ARTS DES ZELANTI DE ACI-REALE, DE L'ACADÉMIE DES TRANSFORMÉS DE NOTO, DE L'ACADÉMIE PERGUSEA DE CASTROGIOVANNI, MEMBRE HONORAIRE DE L'ACADÉMIE LILIBETANA, DES SCIENCES ET LETTRES DE MARSALA, ETC.

PARIS,

TYPOGRAPHIE CHARLES DE MOURGUES FRÈRES.

Rue Jean-Jacques Rousseau, 8.

—

1860.

Des hommes illustres par leur talent et leur science ont fait faire de grands progrès à l'histoire naturelle sur les animaux marins.

Mais il reste encore beaucoup à faire sur leurs mœurs. Si l'on croit, avec des Aquaria situés dans des chambres ou jardins, dans des villes éloignées de la mer, faire des découvertes intéressantes sur des animaux marins, on se trompe : on n'en fera aucune qui soit sérieuse. Pour la partie zoologique de leur structure, c'est possible, puisque peu de jours suffisent pour s'en rendre compte : il n'en est pas de même de la partie physiologique. Pour étudier l'usage de chaque organe, les phénomènes qui varient selon les circonstances, les lieux et les temps, leurs fécondations, productions, reproductions, leurs mœurs, leur nourriture et autres, il faut certainement une plus longue période de temps ; il faut, pour ainsi dire, les accompagner dans toutes leurs opérations, et pour cela les garder prisonniers, mais dans leur élément et dans des cages spacieuses ou des Aquaria pour les petits individus. Ils ne vivraient pas assez de temps dans l'eau composée en imitation de l'eau de mer, ou dans l'eau de mer concentrée dans des Aquaria situés comme j'ai dit ci-dessus pour une telle série d'études. Et la nourriture de chaque espèce, comment se la procurer loin de la mer ?

J'en ai fait l'expérience lorsque j'inventai les Aquaria en 1832, et bien que j'étudiasse des animaux marins dans l'eau de mer maintenue au degré de chaleur voulu et que j'eusse la nourriture qui convenait à chaque espèce, ces expériences ne me réussirent pas complétement ; alors j'eus recours à la mer, j'inventai des cages (1) : on en connaît les heureux résultats.

Les Aquaria qu'on a établis seront très-utiles pour l'étude des animaux d'eau douce, comme coquillages, poissons, crustacés et particulièrement pour les anguilles, dont l'étude serait très-intéressante pour la science.

Les difficultés qui se présentent sur l'étude des animaux marins, comme je l'ai démontré ci-dessus, devraient déterminer, soit des sociétés particulières, soit le gouvernement, qui encourage avec tant de sollicitude les sciences, à choisir des

---

(1) Voir le dessin de ces cages dans mon ouvrage sur l'Argonauta Argo, dans la bibliothèque du Jardin des Plantes à Paris. Ces cages furent dénommées, en 1835, par l'Académie Gioenia, gabiole à la Power, cages à la Power ; voir aussi le Cosmos, 21 août 1857, et le rapport du professeur Owen, à l'appendice de ce volume.

Professeurs d'un talent reconnu pour une telle science. Dieu merci, il n'en manque pas, on n'aurait que l'embarras du choix. En les rétribuant généreusement, ils s'occuperaient sérieusement de ces études si intéressantes sur les mœurs des animaux marins, etc. Ces Professeurs, en dix ans, feraient faire de grands progrès sur ce point et sur d'autres, en suivant ma méthode.

Pour cela, il faudrait établir à Palerme ou à Messine (cette dernière ville, selon moi et d'après l'expérience que j'en ai faite, est plus convenable sous tous les rapports) un laboratoire dans une maison sise sur le bord de la mer, et, par le moyen d'une petite pompe et d'un tuyau en caoutchouc, introduire dans de petits Aquaria situés dans le laboratoire ou dans toute autre pièce l'eau de la mer qu'un second tuyau en ferait sortir. Ces petits Aquaria serviraient momentanément pour déposer des mollusques ou autres, pour en prendre les dessins ou les avoir sous la main pour en faire l'anatomie, etc., etc. L'anatomiste aurait moins de difficultés, avec l'avantage d'avoir des animaux vivants au lieu de ceux qu'il reçoit dans l'alcool qui enlève souvent les plus belles couleurs de l'animal et qui racornit ses membranes, etc., etc.

On recommanderait aux pêcheurs (1) et à de jeunes gar-

---

(1) Les pêcheurs ont toujours été très-complaisants avec moi : lorsqu'ils trouvaient, soit en coquillages, mollusques nus ou autres, des espèces qu'ils savaient être rares, avant d'aller au marché, ils passaient chez moi ; et dans la saison des Carinaires, des Argonauta, ils les prenaient avec précaution, les déposaient dans des seaux pleins d'eau de mer, et me les apportaient de suite. Si je ne me trouvais pas chez moi, ils les laissaient à mon domestique ; lorsqu'ils lançaient leurs grands filets, ils me le faisaient savoir par un enfant, je me rendais au point indiqué : lorsqu'on les retirait, je choisissais les objets qui me convenaient, et souvent j'allais pêcher avec eux. Les pêcheurs de Riposto et de Giardini m'apportaient de la même manière des Panopées vivantes et autres.

çons d'apporter tout ce qu'ils trouveraient de rare, dans des seaux ; en déposant les sujets dans des Aquaria, cela donnerait le temps pour les examiner et les transporter, de la même manière, dans les cages ou Aquaria, situés dans la mer, c'est-à-dire dans le port ; on pourrait de la même façon étudier les poissons marins, crustacés, etc., etc.

Les rivières de la Sicile contiennent très-peu de poissons et les écrevisses manquent totalement : on pourrait repeupler ces rivières ainsi que les lacs, en faisant construire de grandes cages en bon bois, avec un fond en planches et un rebord haut de 25 centimètres, renforcées aux angles et au centre avec de petites plaques en fer galvanisé, une petite ancre à chaque angle et une petite porte sur l'un des côtés ; entourer ces cages de toile métallique en fer galvanisé pour empêcher les insectes, crustacés et autres animaux d'y pénétrer et les petits poissons d'en sortir. Le dessus de ces cages serait fermé par une longue et large porte à jour et à deux compartiments et couverte aussi en toile métallique dont le tissu devrait être beaucoup moins serré afin de laisser pénétrer les rayons du soleil dans les cages. On fermerait ces portes avec des cadenas galvanisés ; puis le Professeur assignerait l'endroit de la rivière où l'on devrait fixer les cages, près de quelque maison dont le propriétaire se chargerait de les surveiller et d'y introduire la nourriture de chaque espèce désignée par le Professeur. Ces cages devraient dépasser le niveau de l'eau d'environ 30 centimètres, afin que l'on pût se poser dessus pour observer ce que font les animaux.

En agissant ainsi, les frais de surveillance seraient de peu d'importance, et les cages coûteraient peu. Les cages que je fis construire en bois solide en 1832, restèrent bien des années dans la mer sans se détériorer.

Par la grande porte, on introduirait dans la cage du sable
de rivière bien lavé, de petites pierres, des stalactites,
des pierres creusées, de la lave qui contient des cavités,
de larges tuyaux ou demi-tuyaux en terre cuite fixés sur
les petites pierres et couverts de même pour les maintenir
solides et de manière que les poissons puissent facilement
circuler dans ces tuyaux, des herbes fluviatiles, qui abon-
dent dans ces rivières, et, dans les angles, de petits arbustes,
ou tout objet propre à recevoir les œufs, le tout dégagé de
corps étrangers. Au moment de la ponte, on déposerait chaque
espèce de poisson dans une cage ; à la fin de la ponte et de la
fécondation des œufs, on pêcherait ces poissons pour leur
rendre la liberté ; ensuite, lorsque les petits poissons auraient
atteint la grosseur voulue, on en pêcherait pour les transporter ailleurs, puis on ouvrirait la petite porte de côté pour
laisser sortir ceux qui se trouveraient encore dans la cage.

Plan d'études.

OBSERVATIONS PHYSIQUES

Sur la demeure de quelques espèces de
Céphalopodes. Ptéropodes. Gastéropodes. Acéphales. Branchiopodes. Cirrhopodes.

S'assurer de la demeure ordinaire des diverses espèces, et particulièrement des Acéphales et Ptéropodes ; de leurs émigration et retour, si toutefois ils ont lieu, ou du changement de site dans les diverses saisons, etc.

Sur le sommeil et sur la veille des
Céphalopodes. Ptéropodes. Gastéropodes. Acéphales. Branchiopodes. Cirrhopodes.

Observer les diverses heures où les diverses espèces se cachent et reparaissent, ainsi que tous leurs mouvements dans les circonstances de mer calme ou agitée ; s'assurer s'ils donnent quelque signe de prévoyance des changements de temps ; s'ils disparaissent dans de certaines saisons, ou s'ils restent cachés et endormis ou en léthargie, etc.

<table>
<tr><td rowspan="4">OBSERVATIONS PHYSIQUES</td><td>Sur la
nourriture
des</td><td>Céphalopodes.
Ptéropodes.
Gastéropodes.
Acéphales.
Branchiopodes.
Cirrhopodes.</td><td>J'ai obtenu d'intéressantes élucidations sur la vraie nourriture des diverses espèces ; la manière dont elles prennent leur repas ; les particularités de leurs mouvements en exécutant cette fonction ; le temps qu'elles peuvent supporter la faim, etc. ;</td></tr>
<tr><td>Sur la
fécondation
des</td><td>Céphalopodes.
Ptéropodes.
Gastéropodes.
Acéphales.
Branchiopodes.
Cirrhopodes.</td><td>La manière de leurs fécondations; la durée; où ils déposent leurs œufs; le temps et le lieu, ainsi que le premier développement des œufs ou larves; leur changement, etc. ;</td></tr>
<tr><td>Sur l'agression
et sur
la défense
des</td><td>Céphalopodes.
Ptéropodes.
Gastéropodes.
Acéphales.
Branchiopodes.
Cirrhopodes.</td><td>Les mouvements des diverses espèces et la manière de s'emparer de leur proie; le moyen de la défendre ou de se défendre eux-mêmes, soit en éludant l'ennemi, en l'attaquant ou en le fuyant, etc.</td></tr>
<tr><td>Sur l'âge
des</td><td>Céphalopodes.
Ptéropodes.
Gastéropodes.
Acéphales.
Branchiopodes.
Cirrhopodes.</td><td>Déterminer la durée de la vie des diverses espèces, etc.</td></tr>
</table>

Je notais simplement les faits tels qu'ils étaient, tels que je les avais vus pour abréger, autant que possible, les volumes.

Sur cette étude, j'avais déjà obtenu plusieurs heureux résultats (1) comme on le verra ci-après, mais mon départ imprévu de Messine m'obligea de suspendre des travaux

____

(1) Voir le journal l'*Innominato*, 11ᵉ année. nᵒ 13 (Messine), qui rend compte de cette entreprise.

que j'affectionnais. Je désire de tout mon cœur qu'ils soient continués par quelque patient naturaliste ; je dis patient, c'est le mot, car il faut l'être beaucoup.

Messine est le centre de la plus grande partie des productions naturelles de la Sicile ; sa province en contient beaucoup en minerais, fossiles, agates, diaspres, plantes rares, oiseaux de passage et sédentaires, reptiles ; dans les bois près de la ville on trouve beaucoup d'insectes, circonstance qui facilita, pendant l'espace de 15 ans, mes études sur les papillons depuis la naissance des chenilles jusqu'à la sortie du papillon de sa chrysalide. Pour plus de deux cents espèces, je notais tous les détails du temps qu'elles employaient, soit à leur croissance, soit à leur changement de robe, les variétés de leurs chrysalides ainsi que le temps écoulé avant la sortie du papillon ; je pris les dessins des chenilles, de leurs chrysalides et des papillons.

Parmi tant de faits qui signalent le phénomène de leur métamorphose, en voici un curieux : pendant plusieurs années, une espèce parmi mes chenilles ne formait jamais de chrysalides et mourait, lorsque je m'aperçus que plusieurs de ces chenilles ne mangeaient plus et rôdaient autour de leur compartiment ; je les pris et les déposai dans la campagne près d'un mur à la base duquel il y avait des herbes ; elles cherchèrent entre ces herbes jusqu'à ce qu'elles eussent trouvé ce qu'il leur fallait. Je ne les perdais pas de vue ; peu d'instants après elles avaient coupé les tiges d'une plante qui porte des épis (1) ; elles fixèrent toutes les petites feuilles de l'épi sur

---

(1) Cette plante appartient à la famille des graminées. Sa tige a à peu près 16 centimètres de longueur et 5 millimètres de circonférence ; l'épi mesure 3 centimètres en longueur ; le cœur de l'épi 11 millimètres de circonférence, elle est couverte de petites feuilles un peu concaves et pointues,

leur corps et unirent le bout de la tige à l'extrémité de leur corps ; on ne distinguait pas l'épi qui contenait la chenille des autres épis tant il était bien imité. Les chenilles employèrent moins d'une heure à cette opération ; une heure après je pris un des épis par la tige ; il paraît que cela contraria la chenille, car elle le secoua avec violence ; je ramassai les trois autres et les déposai dans leur compartiment qui était, comme tous les autres, numéroté ; j'y ajoutai la date. Trente-cinq jours après, un joli petit papillon sortit d'un épi, le jour suivant deux autres, le quatrième était mort dans l'épi.

Les papillons sortent très-humides de leur chrysalide et leurs petites pattes tremblent sous le poids de leur corps ; leurs ailes sont pendantes, mais peu à peu ils se raffermissent sur leurs pattes ; leurs ailes se relèvent : une heure après, leur beauté apparaît, ils ne grandissent pas après leur naissance. Trois heures après leur sortie de la chrysalide, je fixai leurs ailes sur deux morceaux de verre, l'un naturellement, l'autre à l'envers, et piquai leur corps sur du liége, puis leur passai sous le corps avec un pinceau de la liqueur dont je me servais pour embaumer des animaux ; cette liqueur les tuait immédiatement et les préservait des insectes rongeurs qui les attaquent et les font tomber en poussière ; on ne peut se faire une idée de la beauté, de la fraîcheur et des couleurs brillantes des papillons ainsi traités ; ceux qu'on prend avec des filets de gaze ou autres perdent quantité de leur duvet outre celui qu'ils ont déjà perdu en voltigeant dans les campagnes.

---

dont la longueur a 7 millimètres et 2 en largeur, végète sur les terrains secs et calcaires de la Sicile ; il m'a été impossible de la trouver ni au Jardin des Plantes, ni aux alentours de Paris.

Observations et expériences sur la nourriture et la digestion de la BULLA LIGNARIA.

Après avoir publié des mémoires sur l'Argonauta Argo et sur d'autres animaux marins, je me disposais à continuer mes publications ; malheureusement, dans la confusion des emballages, lors de mon départ de Messine, mes manuscrits se sont égarés, et ce n'est qu'aujourd'hui que j'ai pu en retrouver une partie et en extraire les observations suivantes :

M'étant procuré plusieurs Bulla lignaria vivantes, j'ouvris leur sac digestif pour m'assurer en quoi consistait leur nourriture ; dans presque toutes, j'ai trouvé des Dentalium antale d'une petite dimension. Je me mis ensuite à étudier la manière et le temps qu'elles emploient pour digérer les Dentalium ; j'introduisis dans une cage des Bulla lignaria sans les pourvoir de nourriture ; le jour suivant, je déposai près de mes Bulla une certaine quantité de Dentalium vivants ; ne perdant pas de vue mes Bulla, je vis qu'elles engloutissaient des Dentalium. Une heure après leur repas, j'en pris une et j'ouvris avec précaution son sac digestif ; je trouvai dans le tuyau conducteur des aliments s'étendant en droite ligne de la bouche jusqu'à l'ouverture du sac digestif, cinq Dentalium situés à côté les uns des autres, et leurs pointes déjà digérées de deux millimètres sur leur longueur.

Le sac digestif de la Bulla est formé de deux pièces trèsdures, maintenues par des ligaments membraneux et élastiques qui permettent le mouvement de trituration, lequel, en agissant de droite à gauche, facilité par le suc gastrique, réduit en pulpe nutritive les Dentalium qui glissent petit à petit, et tous ensemble, du tuyau dans le sac au fur et à mesure que l'animal les triture. C'est la seule nourriture de la Bulla lignaria.

Deux heures après ma première observation, je pris une seconde Bulla ; son tuyau ne contenait que quatre Dentalium qui étaient digérés de plus de moitié. Deux heures plus tard, j'en pris une troisième ; il ne restait de six Dentalium qu'elle avait engloutis, qu'une longueur de deux millimètres. Enfin la dernière que j'ouvris avait employé dans sa digestion un intervalle de sept heures.

On peut conclure de ces observations que certaines Bulla digèrent plus vite les unes que les autres.

Observations et expériences sur la nourriture et la digestion de l'ASTÉRIAS ASTROPU-LEN AURANTIACUS (Étoile de mer).

Je déposai trois grandes Astérias dans une cage ; je les laissai ainsi pendant trois jours sans leur donner de nourriture, puis les pesai et je notai le poids de chacune d'elles ; je les marquai et les remis dans la cage ; je plaçai à leur portée une quantité de Natica vivantes de plusieurs dimensions et de petits Trochus. L'Astérias ne se nourrit que de ces mollusques. La manière dont elle les dispose dans ses rayons et dans le centre de son corps est vraiment curieuse. Elle commence par introduire dans la pointe de chacun de ses rayons une petite Natica, puis continuant graduellement jusqu'au corps qui est de forme sphérique, elle en place une rangée en forme de cercle, puis une seconde d'un peu plus grosses et ainsi de suite ; elle termine le centre par une grosse.

Je repesai mes Astérias après leur repas, l'une avait englouti 370 grammes de Natica, la seconde 256 grammes, la troisième 240 grammes. Je les remis dans la cage, elles s'enfoncèrent dans le sable pour digérer leurs aliments. Elles emploient pour cette fonction de deux à trois jours.

En été, elles ont l'habitude de sortir de dessous le sable de grand matin ; vers neuf heures, elles se cachent, pour reparaître vers quatre heures du soir, lorsque le soleil commence à disparaître de la plage.

Observations sur l'OCTOPUS VULGARIS et la PINNA NOBILIS.

J'avais introduit dans une de mes cages une Pinna nobilis vivante adhérente à un fragment de roche ; dans cette cage il y avait un Octopus vulgaris et des variétés de coquilles vivantes que j'y avais déposées pour servir à mes études.

Un jour que j'observais mes animaux, je m'aperçus que le céphalopode tenait dans un de ses bras un débris de roche, et guettait la Pinna qui ouvrit ses valves ; lorsqu'elles furent parfaitement ouvertes, le céphalopode, avec une adresse et une promptitude incroyables, lança la pierre qu'il tenait entre les valves de la Pinna, ce qui empêcha cette dernière de les refermer, et le céphalopode se mit à dévorer le mollusque. Le lendemain j'observai de nouveau le céphalopode, je vis qu'il broyait des Tellines, puis qu'il se met-

tait à fureter autour d'autres coquillages, et enfin qu'il s'étendit près d'un Triton nodiferum. J'ai eu la persévérance de
rester aux aguets pendant trois heures. Le Triton sortit la
moitié de son corps de sa coquille, pour aller sans doute à la
recherche de sa nourriture. Le céphalopode sauta dessus et
l'entoura de ses bras. Le mollusque se réfugia précipitam-
ment dans sa coquille, et, en la fermant avec son opercule,
pinça la pointe d'un des bras du céphalopode qui, en se dé-
battant, finit par laisser le bout de son bras dans la coquille
du Triton. Il faudrait des pages pour noter toutes les ruses
employées par le céphalopode pour s'emparer de sa proie.
J'aurais à dire des choses qui paraîtraient incroyables ; sa
voracité est telle que, malgré l'abondance de nourriture que
je lui donnais, il aurait dévoré tous mes mollusques. Je fus
obligée de l'enlever de la cage. Sa voracité va jusqu'à attaquer
l'homme, lui déchirer la chair et la manger. On en trouve
une grande quantité et d'une forte dimension dans le port
de Messine.

Je prenais plaisir très-souvent à admirer des mollusques
aux rayons du soleil, soit dans la mer, les seaux, les Aquaria ou dans les cages. Ces mollusques présentaient à la vue des
nuances magnifiques dont les tons se nuançaient de rose
tendre, de rouge clair, de bleu de ciel, de violet, d'opale, de
vert, de vert clair, etc., avec de brillants éclats, comme
l'Argonauta, le tube ou Siphon de la Panofraco, qui est couvert d'une espèce de plumes très-petites à pointes, d'un
beau vert et or, les Malacozoaires, Actinozoaires et tant d'autres, la Carinaire dont la coquille est flexible dans l'eau,
mais qui, aussitôt au contact de l'air, se durcit et devien
d'une extrême fragilité.

Observations et expériences physiques dirigées de manière à connaître si les TESTACÉS UNIVALVES MARINS ont la propriété de reproduire les parties tranchées.

MM. l'abbé Spalanzani et Charles Bonet firent des expériences sur la reproduction des Hélix et de la Salamandre. Les animaux terrestres sont très-faciles à étudier, mais il n'en est pas de même des animaux marins.

Je dirigeai mes recherches sur des testacés univalves marins pour m'assurer s'ils avaient la propriété de reproduire les parties tranchées. Je fus quelque temps à réfléchir comment je devais m'y prendre pour mener à bonne fin cette expérience difficile, et pour trancher des parties de ces animaux, qui, lorsqu'ils voient un objet quelconque s'approcher d'eux, se retirent promptement dans leur coquille et s'y renferment par le moyen de leur forte opercule, comme les Tritonium. Afin de réussir dans cette entreprise, je donnai des instructions à un coutelier, pour qu'il me fît un instrument très-tranchant, et de la même forme que l'ouverture de la coquille du Triton nodiferum sur lequel je voulais commencer l'expérience. L'instrument terminé, j'enlevai le Triton de mon Aquarium, je le fixai entre un étau sur le bord d'une table, je m'armai de mon instrument et attendis qu'il sortît sa tête par l'ouverture de sa coquille ; je tentai, mais en vain, de lui enlever une partie de la tête : à l'approche de l'instrument, il se retira si promptement que je ne touchai que l'ouverture de la coquille ; mes tentatives durèrent quatre heures. Fatiguée de la position que j'étais obligée de garder, je le remis dans l'Aquarium.

Le jour suivant, je recommençai de nouveau sans succès ;
à la fin, le cinquième jour, j'enlevai la moitié de sa tête ; il
jeta un cri qui me donna le frisson ; je cassai un morceau
du bord de sa coquille ; la longueur de celle-ci était de
22 centimètres : je le déposai dans une cage située dans la
mer. La corne qui est au-dessus de l'œil mesurait 24 millimètres. Je conservai la moitié de la tête enlevée dans de
l'alcool.

Huit jours après, je visitai mon Triton ; il ne présentait
aucune apparence de reproduction ; je le remis dans la cage
et entrai chez moi fort découragée, croyant que mon entreprise n'aboutirait à aucun résultat.

Douze jours après, accompagnée du docteur A. Coco, grande
fut ma joie en voyant que mon Triton avait reproduit sa
joue, son œil, sa corne et presque réparé sa coquille ; l'œil
était encore petit et la corne n'avait en longueur que 12 millimètres. Je fixai solidement mon Triton sur la table ; l'animal, pour chercher l'eau, sortit une partie de son corps hors
de la coquille, alors il me fut facile d'en prendre le dessin.
J'envoyai le Triton, le dessin et la partie que j'avais tran-
chée, le tout accompagné d'un mémoire qui donnait les
détails de cette expérience, à l'Académie Gioenia de Catane (1).

Je répétai ces expériences sur d'autres Tritons, sur des
Murex, Fusus, Conus, Ranella gigantea et sur d'autres ;
elles eurent les mêmes heureux résultats.

Ces animaux se nourrissaient de l'algue qui se trouvait
dans les cages ; les Tritonium peuvent exister plus de dix

---

(1) Ce mémoire fut inséré dans les Annales de cette Académie, vol. XIII.
Un rapport en fut fait par le professeur C. Maravigna.

jours sans prendre de nourriture, pourvu qu'ils aient de
l'eau de mer,

Je sciai avec précaution la coquille d'un Triton ; j'enlevai
l'animal en détachant la membrane qui adhère dans la
spire à peu de distance de son ouverture ; j'enveloppai les
intestins avec du coton et de la toile fine, puis je déposai le
Triton dans un Aquarium : il s'appliqua à une roche et
resta dans cette position ; le jour suivant, je m'aperçus qu'il
mangeait ; après son repas, il s'appliqua de nouveau à la
roche ; le cinquième jour il mourut.

Mœurs du CRUSTACÉ POWERII.

La couleur de ce petit crustacé tire sur le brun, la dimension de son corps est de 8 millimètres en longueur et à peu
près autant en largeur ; il y en a qui mesurent de 7 à 9 millimètres. Il est plus petit, plus aplati, et la forme de ses
bras et de son corps est plus délicate que celle de l'Acanthonyx tumulatus rissi que l'on trouve dans le golfe de
Naples et à Messine. L'Acanthonyx ne se sert pas de baril
pour sa fécondation.

Le crustacé Powerii forme une espèce de petit baril d'une
matière gélatineuse très-ferme et diaphane ; sa longueur
est de 2 centimètres 1/2 et sa circonférence de 4 1/2 à 5 centimètres. Le crustacé dépose ses œufs dans ce baril, lesquels y sont fixés par une matière gélatineuse. Il entre
et sort en maintenant son baril avec un de ses bras, il s'y
suspend pour chercher sa nourriture au fur et à mesure que
ses petits sortent de l'œuf. Le soin que prend cet animal pour

empêcher que ses petits ne glissent du baril est incroyable, il va et vient avec une vivacité continuelle, et quand il cherche sa nourriture, il les repousse lorsqu'ils viennent au bord, et les rattrape s'ils tentent de s'en échapper.

C'est un travail de tous les instants et qui exige du crustacé beaucoup d'attention, car les petits sont vifs et viennent souvent au bord du baril, ce qui le met dans une agitation perpétuelle. L'animal n'abandonne ses petits que lorsqu'ils sont en état de se procurer leur nourriture, ce qui a lieu dix à douze jours après leur naissance. Le petit baril est très-gentil lorsqu'il roule avec son attirail ballotté par les ondes, ou lorsque le crustacé le roule lui-même sur la mer calme ou dans l'Aquarium. J'en ai gardé plusieurs pendant cinq mois dans un Aquarium, et, au bout de ce temps, les uns et les autres, ainsi que leur baril, disparurent. L'année suivante, au mois de juin, je vis reparaître dans le même Aquarium quatre de ces petits crustacés qui travaillaient à leur baril. Cinq jours après, ils avaient déposé de dix à quinze œufs dans chacun de leurs barils; ils continuèrent ainsi pendant un mois, alors je m'aperçus que les petits commençaient à éclore; ils étaient parfaitement formés à la sortie de l'œuf. Je n'ai pu retrouver ni le dessin ni la description que j'avais faits de ce petit crustacé. L'illustre professeur Owen doit en avoir un que je lui envoyai en 1839, avec des mollusques; d'ailleurs, on peut facilement s'en procurer dans le canal de Messine (1) pour étudier ses mœurs dans un Aquarium, étude qui serait très-intéressante.

C'est ce qui m'a déterminée à publier, bien qu'incomplète, cette petite description.

---

(1) Les pêcheurs les nomment Granchio con barriloto.

Mœurs de la MARTRE COMMUNE.

Tout le monde sait que la Martre est très-sauvage et qu'elle habite les forêts. Aussi astucieuse que le Renard, elle rôde comme lui autour des maisons et des fermes isolées et s'y introduit pour y butiner; ses visites, qui ne sont pas désintéressées, font la désolation des fermiers, car le passage de la Martre est toujours signalé par des ravages dans le colombier. Elle déjoue presque toujours les piéges qu'on lui tend et toutes les précautions que l'on emploie pour mettre la basse-cour hors de ses atteintes. Elle ne trouve également que peu de sympathie parmi les chasseurs, qui voient en elle un concurrent redoutable.

Elle se nourrit généralement de petits oiseaux et de petits quadrupèdes, faisant une destruction prodigieuse de jeunes perdreaux, de levrauts, de lapereaux et d'autre menu gibier. Elle mange des fruits secs, amandes, noix, noisettes, figues et raisins.

Désirant étudier les mœurs de ces petits animaux et connaître la portée de l'instinct dont ils peuvent être doués, je parvins à me procurer un couple, mâle et femelle, qui fut pris à l'âge d'environ trois ou quatre mois, dans les forêts du Mont-Etna.

Je ne fus pas longtemps à m'apercevoir, d'après l'étude à laquelle je me livrai des mœurs et habitudes des Martres, qu'elles peuvent être considérées comme un sujet fort intéressant sous le rapport de la finesse de leur instinct; on dirait qu'elles ont la conscience de ce qu'elles font.

Pour les apprivoiser, je commençai par leur donner moi-même leur nourriture, trois fois par jour régulièrement.

2

Elle consistait en viande de bœuf. Dans les premiers jours, elles furent passablement sauvages, mais avec de la persévérance et de bons soins, je parvins à vaincre leur sauvagerie ; elles me prirent en grande amitié, commencèrent à monter sur mes genoux, me léchèrent les mains ; elles me suivaient partout dans la maison, enfin elles étaient presque toujours près de moi.

Quand je sortais, je les enfermais dans une petite chambre ; à mon retour elles venaient à moi l'air chagrin, mécontent, me faisant comprendre l'ennui qu'elles avaient éprouvé pendant mon absence. Je les prenais sur mes genoux et les embrassais ; mes caresses leur rendaient la bonne humeur ; elles sautaient alors sur les chaises, les tables, sur tout ce qui se trouvait à leur portée.

Afin de tenter un peu leur instinct naturel et forestier, je fis transporter un arbre dans mon antichambre ; à peine y fut-il placé que mes Martres y grimpèrent, mais lorsqu'elles virent que je rentrais dans mon appartement, elles descendirent de l'arbre pour me suivre. Les Martres dormaient sur leur arbre et presque toujours la tête penchée. Si je les enfermais dans l'antichambre, elles rongeaient la porte et criaient de toute la force de leurs petits poumons, et j'étais alors obligée de céder et de leur ouvrir la porte.

Pendant ma toilette du soir, et au moment où l'on me déshabillait, les Martres se faufilaient doucement entre les matelas de mon lit, afin de ne pas me quitter et de passer la nuit près de moi, ce qui ne me convenait nullement. Peu de temps après l'arrivée de mes Martres, les souris que nous avions dans la maison disparurent ; cependant je n'ai jamais observé qu'elles en aient pris. Je fis même l'essai de leur donner, à un de leurs repas, de la chair d'un gros rat ; mais elles le flairèrent en faisant la grimace, n'y touchèrent pas et s'en éloignèrent avec un air de dégoût et de répugnance.

La Martre a l'ouïe et l'odorat très-fins; les miennes flairaient toujours la viande avant d'y toucher, absolument comme font les chats. Si la viande n'était pas fraîche, elles ne la mangeaient pas, venaient à moi d'un air inquiet, cherchant à me faire comprendre qu'elles avaient faim. Lorsque mon domestique venait prendre le cabas dans lequel il avait l'habitude de placer la viande que je l'envoyais acheter pour les Martres, elles sautaient alors sur l'appui de la croisée et de là épiaient son retour; quand elles le voyaient revenir, elles couraient au-devant de lui en faisant des sauts de joie et poussant leur petit cri : hi! hi! hi!

Un jour le domestique, voulant voir ce que feraient les Martres s'il arrivait les mains vides, laissa le panier sur l'escalier et entra dans l'antichambre. Elles furent bientôt convaincues par la finesse de leur odorat qu'il n'avait pas apporté de viande. Alors se passa une scène très-intéressante : d'abord, elles se fâchèrent contre le domestique, elles lui firent la grimace en lui montrant les dents; puis elles vinrent à moi en ouvrant leurs petites gueules, et cherchèrent à me faire comprendre qu'on ne leur avait pas encore donné leur repas. Elles montèrent sur mes genoux, me firent mille caresses, mille singeries, et déployèrent dans ce moment critique toute la finesse que leur inspira l'instinct dont elles sont douées. Je dus donc céder à leurs vives instances et je leur fis donner la viande tant désirée.

Voulant connaître la manière dont les Martres se comportent pour attaquer les Écureuils et la défense de ceux-ci, je me procurai un Écureuil vivant; je le fis mettre sur l'arbre : aussitôt que les Martres l'eurent aperçu, elles se précipitèrent sur lui et, malgré son agilité. il ne put se soustraire longtemps à la cruauté de ses deux ennemies. La bataille fut courte, il fut attrapé, tué, et bientôt déchiré en morceaux et dévoré. Elles n'en laissèrent que la tête, les intestins et la peau.

J'ai remarqué que, quoique très-friandes de la chair du jeune gibier, elles donnaient toujours la préférence à la viande de bœuf, mais elles ne mangeaient jamais le gras.

Une autre remarque fort curieuse et fort intéressante au point de vue de l'instinct de ces animaux réputés sauvages et que l'on parvient à apprivoiser dans les maisons particulières, c'est que si mes petites Martres voyaient entrer chez moi des personnes mal vêtues, bien qu'elles eussent l'habitude de les voir venir souvent, tant pour les besoins du service que pour toute autre chose journalière, telles que le porteur d'eau, un commissionnaire ou tout autre, elles leur faisaient la grimace en leur montrant les dents, leur poil se hérissait jusqu'au bout de la queue ; l'on m'appelait aussitôt et j'étais obligée de les menacer d'une badine que je tenais à la main quand j'étais fâchée contre elles, pour les empêcher de sauter au visage de ces bonnes gens. Il n'en était pas de même des personnes de ma société, dont le costume différait de cette classe de gens qu'elles ne pouvaient pas souffrir ; elles allaient au-devant d'elles, en leur témoignant par des caresses, des hi! hi! hi! et des sauts, toute la joie qu'elles éprouvaient de les revoir. Je ne pouvais mieux comparer ces démonstrations amicales qu'à celles du chien pour ceux qu'il sait être les amis de la maison.

Elles allaient souvent dans la cuisine. Un jour elles enlevèrent un filet de bœuf ; après en avoir mangé un morceau, elles cachèrent le reste sous mon lit ; on me fit part de ce lar-

cin, je crus devoir observer mes Martres. Je ne tardai pas
à m'apercevoir qu'elles allaient souvent sous mon lit. J'or-
donnai une visite de ce côté ; mais elles s'aperçurent bientôt qu'on allait leur enlever le filet qu'elles y avaient déposé
et commencèrent à donner des marques de mécontentement
et d'irritation contre les domestiques. Je dus intervenir de
toute mon autorité pour les empêcher de mordre celui au-
quel je venais de donner l'ordre d'emporter ce qui restait
du filet de bœuf.

Quant à leur propreté, je ne fus pas longtemps à leur in-
diquer les moyens de la pratiquer, et pour cela je les avais
souvent conduites dans la cuisine. Si par hasard cette pièce
se trouvait fermée, elles se faisaient ouvrir par des signes
et elles se rendaient d'elles-mêmes dans un coin où j'avais
d'abord fait mettre une boîte contenant du sable qu'on re-
nouvelait chaque jour.

Il est d'usage, en Sicile, de prendre l'air sur les balcons
des maisons ; comme tous les habitants de Messine se con-
naissent, cela est admis sans déroger aux bons usages ; lorsque cela m'arrivait, mes Martres me suivaient, montaient
sur la rampe du balcon ou sur mes épaules, pour regarder
dans la rue ; lorsqu'elles apercevaient des personnes de mes
amies, elles avaient un mouvement, une petite manière de
les reconnaître. Mais si un chien venait à passer, elles prenaient alors une pose menaçante, leur poil se hérissait, elles
leur montraient les dents en leur faisant des grimaces et
poussaient de petits grognements. Bien des fois j'ai vu les
passants s'arrêter pour les regarder ; beaucoup d'entre eux
retenaient leurs chiens pour prolonger une scène qui était
vraiment de part et d'autre très-amusante. De temps en

temps, elles donnaient aussi la chasse aux chats; il n'y en avait pas un qui osât approcher de ma maison.

Un fait encore plus extraordinaire est celui-ci : souvent les Martres restaient seules sur le balcon, mais si elles voyaient une amie entrer dans notre rue, elles couraient sur une fenêtre qui donnait au-dessus de notre porte cochère, guettaient et attendaient leur entrée ; alors elles accouraient m'avertir par leurs démonstrations habituelles, puis elles se rendaient dans l'antichambre et, si le domestique ne s'y trouvait pas, elles couraient pour le chercher, absolument comme l'eût pu faire un chien intelligent. Si, par hasard, en faisant leurs sauts, il leur arrivait de casser un verre ou une tasse, elles paraissaient avoir la conscience de leur faute, car elles se sauvaient pour se cacher, craignant d'êtres corrigées.

Ma femme de chambre ayant laissé sur une chaise un peloton de fil à tricoter, une des Martres prit le bout de fil, monta sur l'arbre, et en moins de deux heures elle parvint à fabriquer au sommet de l'arbre une espèce de filet très-artistement entrelacé de manière à ne laisser que de très-petites distances entre les fils. Je ne pouvais m'imaginer pourquoi elle avait fait ce joli travail. Enfin je compris et fis appeler de petits gamins ; je leur promis une récompense s'ils avaient l'habileté de m'attraper des oiseaux vivants. Je leur donnai mes filets, une cage et du blé ; au bout de huit heures ils m'en apportèrent onze. Le lendemain matin j'ouvris la cage au dessous du filet, plusieurs volèrent dans l'arbre, d'autres sur les fenêtres, les portes. Les Martres en voyant les oiseaux se mirent à grimper sur l'arbre, sur les fenêtres, les portes, tuant ceux qu'elles pouvaient attraper ; la chasse fut longue, très-amusante, non pour les pauvres oiseaux, mais pour moi, et pour deux de mes amies qui étaient présentes. Lorsque les oiseaux furent tous tués, les Martres en dévorèrent plusieurs, ne laissant que les intestins, les pattes, le bec et les plumes; ensuite, par un acte de prévoyance, elles allèrent cacher les autres oiseaux sous un meuble, allant de temps en temps s'assurer s'ils y étaient encore; lorsqu'elles eurent faim, elles allèrent les prendre pour les manger.

Me voyant occupée à écrire, elles montaient sur mes épaules et guettaient le moment favorable pour enlever soit un livre, soit des papiers qu'elles emportaient sur leur arbre avec une incroyable vélocité, ou qu'elles allaient cacher sous un meuble.

Un jour mon domestique entrant dans la cuisine pour nettoyer l'argenterie, ne la trouve plus; puis il s'aperçoit que beaucoup d'ustensiles de cuisine et tous les torchons manquaient ainsi que du linge qui était au savonnage; il vient à moi, pâle, effrayé, pour m'annoncer que j'étais volée. Je me rendis à la cuisine, je trouvai étrange que les Martres ne m'eussent pas suivie; je les appelai : elles vinrent avec un air timide, tremblaient et se tenaient éloignées de moi. J'observai qu'elles regardaient du côté d'un enfoncement qui se trouvait au-dessous d'un escalier; je pris le jonc avec lequel je les corrigeais, je le leur fis voir en les grondant d'un air sévère et en leur faisant comprendre qu'elles avaient commis un méfait. Elles s'enfuirent dans un coin et prirent une pose suppliante; en les voyant ainsi je ne pus m'empêcher de rire. Je dis au domestique, qui ne comprenait rien à cette scène, de chercher sous l'escalier; à sa grande surprise les objets furent trouvés et, chose surprenante, pas un ne fut cassé ni déchiré. Pendant que nous étions occu-

pés à reconnaître les différents objets retrouvés, les Martres avaient pris la fuite pour s'aller cacher dans la ruelle
entre les matelas de mon lit ; elles y restèrent blotties plus
de deux heures, mais la faim les détermina à se faire voir.
Elles passèrent le long du mur de la chambre où je me
trouvais, elles avaient un air craintif et ne s'approchèrent
pas de moi ; je fis semblant de ne pas les voir. Après leur
repas, elles se cachèrent de nouveau, je les appelai, elles
vinrent à moi d'un air piteux ; je les grondai en leur montrant le jonc, elles commencèrent leur petit cri hi! hi! hi!
et vinrent suppliantes me lécher les mains et furent sages
pendant quelque temps.

Si quelqu'un faisait le signe de vouloir me battre, mes
Martres se mettaient en colère ; si je ne les avais retenues
avec menaces, elles auraient mordu les téméraires. Un soir,
étant très-occupée à écrire, je fis fermer la porte. Un de mes
amis, M. Pinkerton, se présenta : on lui dit que je ne rece-
vais pas. En s'en allant il rencontra un de ses amis qui venait aussi me voir. Il lui dit que je ne voulais pas recevoir ;
en passant la rue une idée folle leur vint en tête. Ils ren-
contrèrent un des allumeurs de lanternes de Messine : lui
prendre son échelle, monter sur le balcon, entrer dans le
salon, fut bientôt fait ; les Martres, qui étaient amies, allèrent
au devant d'eux avec la cérémonie habituelle, puis vinrent
dans mon cabinet pour m'annoncer que j'avais des visites ;
ne comprenant rien à ce qu'elles voulaient, je me retournai
et voyant ces deux messieurs, je compris tout ; comme j'allais
gronder ces messieurs, je vis mes Martres en colère, je cours
au salon et j'arrive à temps pour les empêcher de mordre
un imprudent qui avait suivi l'exemple de ses amis. Les
Martres n'avaient jamais vu ce monsieur, qui était absent de

Messine depuis que j'avais eu ces animaux, et certes il ne s'attendait pas à pareil accueil. S'il était entré chez moi par la voie ordinaire, les Martres n'auraient pas bougé, mais il paraît que selon leur instinct il n'aurait pas dû se présenter ainsi ; deux de mes intimes amies se présentèrent, le domestique, sachant que j'avais des personnes dans mon salon, les fit entrer. Les Martres allèrent au devant d'elles en faisant mille caresses, l'étranger s'avança, pour leur donner la main ; les Martres ne le permirent pas et la scène était prête à recommencer ; alors je pris le jonc et elles se retirèrent dans un coin du salon ayant toujours les yeux fixés sur leur ennemi. Comme c'était l'heure du repas, je fis apporter de la viande sur une assiette, je la donnai à ce monsieur en déposant la Martre sur ses genoux ; elle prit la viande en grognant, l'autre Martre sauta près de sa compagne ; après le repas la paix fut faite.

Un jour, j'entendais du bruit, je cours à mon balcon, il y avait dans la rue du monde rassemblé, ma voisine racontait qu'elle venait d'être volée ; étant trop éloignée pour entendre ce qu'elle disait, je passai dans ma chambre à coucher dont le balcon était contigu à celui de ma voisine. Je restai saisie en y voyant des objets qui ne m'appartenaient pas ; il y avait un bonnet, de la chaussure, deux tasses, un verre, une montre, des plantes, des fleurs qui avaient été arrachées de leurs caisses et d'autres objets. Je priai cette dame de passer chez moi en l'assurant que je lui donnerais des renseignements sur les voleurs.

On se figure aisément la joie qu'éprouva cette dame en voyant ses effets. Je lui racontai l'histoire de mes Martres, le goût qu'elles avaient pour le vol ; elle en rit beaucoup ; j'appelai mes Martres, elles ne vinrent pas ; je les cherchai,

je fis enlever le matelas de mon lit , elles n'y étaient pas ;
je les trouvai cachées dans le haut des rideaux ; elles s'enfuirent. Je les appelai, elles vinrent et reçurent une bonne
correction. Ce qu'il y a d'étrange, c'est qu'elles n'ont jamais
rien touché ni dans mon salon ni dans ma chambre à
coucher.

Mes Martres me craignaient, mais elles m'étaient bien attachées ; il est bon de remarquer qu'elles n'ont jamais cherché à me mordre lorsque je leur donnais une correction.
Un jour je pleurais la perte d'une amie ; elles montèrent
sur moi, me firent des caresses, prirent un air triste et
semblaient compatir au chagrin que j'éprouvais.

Les deux Martres vivaient en parfait accord, ce que l'une
faisait, l'autre l'imitait ; elles étaient toujours ensemble pour
commettre leurs méfaits ; quelquefois cependant le mâle donnait des corrections à sa compagne, mais cela arrivait très-
rarement.

Étant obligée de quitter la Sicile pour me rendre à Londres et comptant revenir à Messine , je confiai mes Martres
à mon amie, la duchesse de Belviso. Son mari, le chevalier
Benoît, qui s'occupait d'histoire naturelle, se chargea de les
faire soigner.

La Martre femelle qui était prête à mettre bas mourut, soit
de chagrin de ne plus me voir, soit de toute autre cause ; le
mâle prit la clef des champs : cela me surprit, car pendant
quinze mois qu'elles sont restées près de moi, elles jouis·
saient de toute liberté et ne cherchèrent jamais à s'échapper.
Elles glissèrent quelquefois le long du mur dans la rue,
alors elles allaient près de la porte cochère. et lorsqu'on
l'ouvrait elles rentraient dans la maison.

Fait curieux d'une TORTUE terrestre de la Sicile, TESTUDO (Brongniart).

Je possédais une tortue que je me proposais d'embaumer, mais n'ayant pas de liqueur (1) préparée à cette fin, je la plongeai vivante dans un grand bocal d'alcool 3/6. Elle y resta trois jours; je l'enlevai et la plaçai sur le parquet pour la faire sécher, en ayant soin de mettre une serviette dessous, et ensuite je devais l'immerger dans la liqueur pour l'embaumer. Le jour suivant je vis ma tortue qui se promenait tranquillement dans mon laboratoire; je la pris, et lui donnai une pomme qu'elle mangea, ainsi que de la laitue : je la caressai, en lui grattant le cou, ce qui plaît beaucoup aux tortues. Après quelques jours, elle s'éprit d'amitié pour moi : si j'allais dans une autre pièce, elle y venait et s'arrêtait près de moi, allongeant sa tête en me faisant signe de lui gratter le cou; tous les jours elle venait exactement à l'heure du dessert dans la salle à manger, et pour faire voir qu'elle était là, elle tirait ma robe jusqu'à ce que je la prisse : je la déposais sur une assiette et lui donnais du dessert. Vers la fin d'octobre, je m'aperçus qu'elle ne bougeait pas d'un des angles d'un salon dans lequel il y avait un tapis; je la pris

(1) J'avais composé une liqueur dans laquelle j'immergeais des reptiles, des poissons, des crustacés, des oiseaux, des insectes, de petits quadrupèdes et autres animaux, sans les dépouiller; cette liqueur pénétrait par leur peau dans leur chair, sans altérer les couleurs des écailles, des plumes ou des poils, etc. Non-seulement les crustacés conservaient leurs couleurs naturelles, mais ils conservaient aussi l'élasticité de leurs membres. Des naturalistes ont vu dans mon cabinet de grands et de petits crustacés, ainsi que des poissons, etc., etc., qui semblaient vivants, bien qu'il y eût plus de dix ans qu'ils fussent embaumés. Les insectes n'attaquaient jamais aucun des animaux embaumés au moyen de cette liqueur.

et lui passai une couche de vernis sur son écaille pour la rendre plus jolie. Vers le 12 mars, un soir au dessert, je sentis tirer ma robe, je me retournai, je vis ma tortue qui, à son ordinaire, allongeait la tête. Je lui donnai son repas habituel ; après avoir mangé, elle se tourna vers moi, j'approchai ma main, elle y frotta sa tête comme font les chats, ne me quitta pas de la soirée, et me fit mille démonstrations amicales.

Ce fut de même pendant plusieurs années. Voyant la direction que je prenais pour sortir, après avoir cherché partout où elle pouvait pénétrer, elle allait dans l'antichambre et m'attendait là, car chaque fois que je sortais j'étais sûre à mon retour de la trouver dans cet endroit, jouant avec le chat qu'elle aimait, mais dont elle était très-jalouse lorsque je lui faisais des caresses ; j'observai cela par les mouvements de sa tête et de son regard. Elle connaissait parfaitement son nom ; lorsqu'elle était dans une autre pièce et que j'appelais *mignonne !* elle venait, mais si j'appelais le chat elle ne venait pas.

Observations et expériences physiques sur le CÉPHALOPODE de l'ARGONAUTA ARGO,

Commencées en 1832 et terminées en 1843.

(Deuxième édition.)

Je n'ai pas l'intention d'entrer en discussion sur les hypothèses émises par divers naturalistes concernant l'Argonauta Argo : des volumes seraient nécessaires. Je ne m'attacherai qu'à quelques-uns des points les plus intéressants, parce que je ne puis m'empêcher de les décrire. J'ai trouvé préférable de m'assurer des faits, car je n'ai pas étudié cet animal, marin et plusieurs autres, à l'aide de l'imagination, mais à l'aide d'observations expérimentales.

Ayant depuis plusieurs années consacré aux sciences naturelles les heures qui me restaient libres de mes affaires domestiques, pendant que je classais pour mon cabinet quelques animaux marins, le céphalopode de l'Argonauta fixa mon attention plus que les autres, parce que les naturalistes étaient de diverses opinions sur ce mollusque ; je me fis un devoir, pour ainsi dire, de faire des recherches sérieuses sur les points les plus discutés au sujet des conditions physiologiques de ce céphalopode.

C'est pourquoi je me suis, pendant dix années, mise à en suivre une série non interrompue, et après des tentatives réitérées, combinant et renouvelant les expériences, j'ai réussi à obtenir des résultats qui mènent à des connaissances très-utiles, soit pour s'assurer si ce mollusque serait le constructeur de sa coquille, soit pour éclaircir des doutes sur le premier développement de ses œufs, soit enfin pour prendre note de beaucoup de nouveaux faits qui se rapportent à ses mœurs ou habitudes. Je commençai mes expériences d'après les notions qu'on avait de l'Argonauta Argo. J'exposerai la méthode que j'ai suivie pendant mes recherches et quelles furent les conséquences physiologiques que j'en déduisis.

De grandes controverses ont eu lieu parmi les naturalistes depuis le temps d'Aristote jusqu'à ce jour, dans le but de s'assurer d'une manière certaine si le céphalopode de l'Argonauta est le constructeur de la coquille dans laquelle on le trouve ordinairement, ou si, semblable aux Bernards l'Ermite (Paguri), il s'y loge après que le véritable habitant en est chassé, ou dévoré, ou mort naturellement. En effet, tandis que, d'une part, MM. Lamarck, Montfort, Ranzani, soutiennent la première opinion. M. Blainville, avec d'autres naturalistes, tiennent pour certaine la seconde, et ce savant malacologiste vient établir que l'animal de l'Argonauta est tout à fait inconnu (1), rejetant même les observations de M. Oken, qui pouvaient au moins en partie lui assurer que notre céphalopode que l'on rencontre ordinairement dans la coquille Argonauta était toujours l'habitant de celle-ci. Avant tous ces savants, le très-illustre abbé Olivi (2) avait fait connaître comment, bien que n'ayant pas eu le bonheur de voir un Argonauta vivant, il était porté à croire qu'un céphalopode pouvait bien se former une coquille calcaire, comme celle de l'Argonauta, si un autre céphalopode, selon les observations de Martini, était le constructeur de la coquille pesante et voûteuse du nautile. Les raisons que donnaient les naturalistes contraires à cette opinion étaient qu'ils ne croyaient pas que le céphalopode fût le constructeur de la coquille où on le trouve; c'est que le corps du mollusque n'était pas de forme spirale, qu'il n'adhérait pas à la coquille comme les autres mollusques à coquille, et qu'il ne ressemblait pas du tout aux parties inférieures de l'animal recoquillé, la coquille étant régulière, sillonnée sur les côtés et avec une spire tournante en dedans à la façon d'un ammonite, sans que rien de ce qu'il y a de façonné ressemble à l'animal qui l'habite, dont les replis, quand l'animal s'accroupit dans la coquille, sont bien loin de former des sillons réguliers.

Je répondrai tout à l'heure à ces raisonnements, voulant pour le moment raconter comment M. Poli étant en train

---

(1) Animal tout à fait inconnu (*Manuel de Malacologie*, page 494).

(2) Zoolog. adriatic, page 129.

d'examiner avec un microscope les œufs de l'Argonauta, assure y avoir vu la petite coquille unie avec le mollusque, et en conclut qu'il n'y a plus de raison pour douter que la coquille de l'Argonauta dans laquelle nous le voyons, soit produite dans l'œuf avec le mollusque même (1).

Quoi qu'il en soit, les observations de Poli ne parurent pas suffisantes pour ôter tous les doutes au célèbre baron Cuvier (2), qui, ne voulant pas déclarer l'opinion de M. Blainville comme erronée, se borna à la qualifier comme étant très-problématique.

Telles étaient les opinions de ces naturalistes sur l'Argonauta Argo, quand je m'aperçus que le manque d'expériences était la cause de ces diverses opinions, et que tout devait s'éclaircir, si l'on faisait des recherches approfondies sur ce point si intéressant.

Déterminée à cette entreprise, c'est-à-dire à m'assurer si le céphalopode était le constructeur de la coquille qu'il habite, ayant ce but en vue, la connaissance de la structure de ce mollusque devait être ma première recherche; l'examen du rapport du mollusque avec sa coquille en était la seconde, et le suivre depuis son développement de l'œuf jusqu'à la fin de sa croissance, en était la troisième. Mais comment

---

(1) Dum eo res erat in singulis ovis microscopio contemplatis conchulæ speciem (fig. 10) ibi conclusam luculenter observavimus haud secus ac in pinnæ cæterisque testaceis obtinere hisce oculis evidentissime conspeximus. Equidem in illis ab ovorum receptaculo per cultrum sauciato conchæ exilissime erumpebant, quæ super vitrea lamina receptæ et microscopio subjectæ non modo hiare et claudi, sed circa se ipsas quoquo revolvi incundissimo spectaculo videbantur. Ideoque non est dubitandi locus, quod concha Argonautæ una cum mollusco, quod ipsam incolere cernimus in ovo generentur, et exinde manifeste patet non esse adscititiam veluti plerique contendunt (Test. utr. Sic., t. 3, page 10).

(2) Cuvier, *Rég. animal*, t. 3, fol. 13.

suivre une série si difficile d'observations? Dans ce but, en 1832, j'inventai des Aquaria en verre que je fis établir dans ma maison sise sur le bord de la mer à Messine. Après avoir fait des expériences sur l'Argonauta Argo dans ces Aquaria, je reconnus qu'elles ne réussissaient pas selon mon désir; bien que les Argonauta eussent réparé les morceaux enlevés de leur coquille dans ces Aquaria, ce n'était pas là le seul objet de mes projets. Le port de Messine, que je traversais journellement, pour me livrer à la recherche des êtres organiques, me présenta des moyens qu'on ne pourrait peut-être obtenir sur aucune autre plage. Pour atteindre mon but, j'imaginai des cages (1). Ayant obtenu la permission des autorités, je les plantai dans un bas fond maritime qui est situé dans le lazaret de Messine, dans un endroit où je pouvais, sans être dérangée, poursuivre mes observations; ensuite j'y renfermai une quantité d'Argonauta vivants, ayant soin de leur préparer chaque jour la nourriture nécessaire, consistant en mollusques testacés, vénus, cytherea, loligo cassés, que j'avais pêchés exprès à l'aide d'un râteau (2).

---

(1) Ces cages avaient 4 mètres de longueur, 2 mètres de hauteur, 1 mètre 40 centimètres de large (voy. z pl. IV, fig. 8). Je laissais entre les barres un intervalle nécessaire pour que l'eau de la mer pût y circuler librement, sans que le mollusque pût en sortir avec sa coquille. Pour consolider ces cages, il y avait à chaque angle un morceau de fer. Une porte s'ouvrait au-dessus de la cage; deux petites ouvertures avaient été ménagées à droite et à gauche; de là, je pouvais, sans être vue, observer mes animaux. A chaque angle aussi j'avais fixé une ancre afin de la maintenir solidement dans la mer. J'introduisais dans l'intérieur de cette cage de l'algue, des plantes marines, de petites parties de roches, de petits cailloux, des millipora, des vénus, des tritons et d'autres mollusques conchylifères.

Ces cages furent dénommées, en 1835, par l'académie Gioenia, et en 1837, par la société zoologique de Londres : *Cages à la Power*

(2) Les marins nomment cet instrument *ungamo*. Il consiste en un sac en filet, ayant un demi-cercle fixé à l'ouverture, et attaché par chaque bout à

Je ne pensai jamais à renoncer à mon entreprise, quoique je visse mes essais réitérés n'aboutir à aucun résultat satisfaisant. Je m'armai de patience et de courage, et ce ne fut qu'après plusieurs mois que je réussis à éclaircir mes doutes, et à voir en même temps mes recherches couronnées d'un heureux succès (1).

Quant à la structure du mollusque de l'Argonauta, personne n'ignore ce qu'en ont dit les naturalistes ; je tiens à raconter ce que j'ai observé de singulier, ou qui n'a pas été mentionné par d'autres, sur ce qui concerne cet animal.

Structure de l'Argonauta Argo.

Le céphalopode de l'Argonauta Argo est pourvu de huit bras qui forment une couronne autour de la bouche ; chaque bras a deux rangées de ventouses ; les deux premiers bras sont plus robustes que les autres, ils sont pourvus de membranes qui leur servent à fabriquer leur coquille. Les bras qui sont situés par-dessus les yeux sont beaucoup plus pe-

---

un bout de fer droit, aplati et dentelé comme un râteau, avec une corde de chaque côté. Ces cordes vont se réunir à une autre plus grande. Quand on veut pêcher, on lance le râteau à la mer, à une certaine profondeur, et tirant la corde pendant que la barque parcourt la mer, on ramène dans le sac toutes espèces de mollusques nus et conchylifères crustacés, poissons, algues marines, etc.

(1) Voir le rapport de M. le professeur Maravigna, *Journal du cabinet littéraire de l'Académie Gioenia de Catania*, décembre 1834 ; les rapports de MM. les professeurs Ch. Gemmellaro et di Giacomo, insérés dans le journal susdit ; autre rapport du professeur C. Maravigna, inséré dans le *Journal des Sciences, Lettres et Arts*, de mai 1835, et un autre de 1836, du même ; le rapport du professeur Alessio Scigliani, *Journal passe-temps pour les dames*, 7 janvier 1837, année V, n° 1, et un autre, du même, inséré dans le *Journal éphéméride scientifique et littéraire pour la Sicile*, feuille 65 ; les *Annales de l'académie Gioenia*.

tits que les autres; les yeux sont placés à droite et à gauche
de la tête, dessous les bras. Le corps de ce céphalopode a la
forme d'un œuf tronqué de plus d'un quart, mais plus
allongé vers la pointe ; la partie tronquée supérieure du sac
digestif a la forme d'un petit récipient rond, où pénètre
l'eau. Le long du cou, entre la tête et l'ouverture du sac, se
trouve une membrane ayant la forme de tube ou siphon, et
étant beaucoup plus ample vers la partie où se trouve l'ouverture du sac. Ce siphon, mis en mouvement par l'animal,
pompe l'eau qui pénètre dans le récipient sus-mentionné,
et ainsi nage l'animal (comme tous les autres céphalopodes,
par l'effet du pouvoir attractif et répulsif du siphon), en
guidant sa petite barque.

Lorsque le céphalopode est entièrement renfermé dans sa
coquille, ses yeux sont visibles à travers la transparence de
celle-ci. Le corps du céphalopode est toujours dans la même
position dans sa coquille; pour mieux dire, le sac se trouve
dans la circonférence spirale, les bras à membranes à droite
et à gauche dans la même ; les autres six bras se divisent
trois à droite et trois à gauche dans la coquille, laissant les
yeux libres ; ils se replient sous le corps, la bouche en dessus, et le siphon au fond de la grande ouverture (1), les
œufs suspendus en masse à la spire formant une espèce
de grappe. Mais, quand il y a une certaine quantité de petits céphalopodes développés, il retire son corps plus en

---

(1) Le dessin d'un illustre naturaliste, que je ne veux pas nommer par
respect, représente le poulpe situé avec le siphon entre la spire et le sac vers
la grande ouverture ; sans doute il l'avait reçu ainsi. Quand les marins
pêchent des Argonauta, ils les jettent dans la barque, ce qui les fait sortir
de la coquille et mourir. Les mêmes personnes, ne connaissant pas leur
vraie position, les remettent souvent à l'envers.

avant pour laisser de l'espace au fond de la spire pour ses petits.

Si l'on coupe les membranes, les bras ou la peau du sac du céphalopode, il ne paraît aucune trace de sang ou d'autre matière ; mais si on perce son cœur, il en sort une ma-tière presque coagulée qu'on pourrait appeler sang, et qui est d'un violet très-foncé. Lorsque le céphalopode étend ses membranes sur sa coquille, on voit cette substance circuler de part et d'autre dans lesdites membranes. Si on l'irrite, il devient furieux ; cette couleur transparente se trans-forme partout en rouge foncé, puis en un violet presque noir ; j'en ai vu mourir d'irritation. Les poulpes communs *Octopus vulgaris* (Lamarck), sont loin d'être aussi sensibles ; après en avoir tourmenté un durant trois heures et lui avoir coupé deux de ses bras, il survécut.

J'ai constamment remarqué que le céphalopode de l'Argonauta étant sur le point d'expirer, abandonnait sa co-quille.

La coquille de l'Argonauta est composée de matières calcaires ; elle a la forme d'un petit navire à spire ; elle est d'un blanc mat, légère et quelque peu transparente, est sillonnée, et a deux rangées de petites pointes qui s'éten-dent le long de la carène, de même qu'une longue tache noire. Les deux séries de petites pointes qui se trouvent le long de la carène spirale correspondent exactement aux ventouses des membranes du poulpe, parce qu'elles sont produites par leur transsudation, comme on le remarque dans les mollusques à coquilles dentelées produites par le manteau qui a la même forme ; quand le poulpe travaille à sa coquille, il agite ses membranes pour former ces sillons qui l'ornent et facilitent son élasticité.

Poses et mouvements du céphalopode.

Il serait difficile de décrire les milles poses et les mouvements si variés de l'Argonauta, soit qu'il nage, qu'il pêche ou qu'il plonge; il faudrait toute une série de dessins pour les représenter, car ses mouvements changent selon les besoins, les caprices du céphalopode, et d'après les circonstances. Par exemple, se trouvant au fond de l'eau, désirant monter à la surface, il rejette l'eau qui se trouve dans l'ouverture de son sac, le bouche avec son siphon, se replie dans sa coquille, la renverse et remonte à la surface ; il nage avec tout son corps et ses huit bras dans la coquille, ses bras en dehors, ou les membranes étendues dessus, avec l'extrémité de ses membranes appliquée à droite et à gauche pour s'en servir comme de petites voiles, étant à la surface de l'eau ; les six autres sont allongés en dehors de la grande ouverture; il maintient sa coquille avec ses membranes en dedans et en dehors, ou avec la pointe de son sac courbé dans la pointe de la spire. Si l'on retire le céphalopode de sa coquille, étant dans l'eau, il y rentre sans difficulté (1).

Quand le céphalopode va à la recherche de sa nourriture, il soulève son siphon, de manière que l'extrémité de la grande ouverture se trouve en l'air et la spire en dessous, et se donnant une forte secousse, il descend, puis rampe au moyen de ses bras de rocher en rocher, sur le sable, parmi l'algue, maintenant la coquille en l'air au moyen de ses deux

---

(1) Je me posais souvent deux ou trois heures sur mes cages à observer ce que faisaient mes Argonauta, et c'est ainsi que j'ai pu connaître leurs habitudes

bras membraneux pliés dans la spire, ou avec la pointe de son sac courbé dans la même (voir pl. III, fig. 7) (1).

Si quelqu'un s'approche lorsqu'ils se trouvent à fleur d'eau, ils descendent au fond ; s'ils se voient en péril d'être pris, par le moyen de leur canal de l'organe sécrétoire de l'encre, ils la versent en dehors (comme les autres céphalopodes), afin de rendre l'eau trouble et de se soustraire à l'ennemi, ayant ainsi le temps de se cacher dans les herbes ou dans le sable. Si je voulais les poursuivre quand ils se trouvaient enfermés dans les cages, outre le moyen précité, ils se servaient d'un autre stratagème pour assurer leur salut ; ils faisaient jaillir violemment contre ma figure une quantité d'eau au moyen du siphon ; quand ils avaient été pendant quelque temps dans les cages, et qu'ils me voyaient paraître, soit l'habitude de me voir tous les jours leur donner leur nourriture, ils venaient à fleur d'eau ; si je leur présentais des aliments, ils me les arrachaient des mains. Un d'eux me déchira avec sa bouche un de mes doigts, tandis qu'un autre prenait d'entre mes mains un morceau de vénus.

Désirant m'assurer si le céphalopode, étant enfermé dans sa coquille, pouvait voir à travers, je dirigeai vers lui avec précaution une verge, à la distance d'environ quatre pieds de son œil ; il cessa de nager et s'enfuit avec précipitation. Je répétai souvent cette expérience avec le même résultat :

----

(1) La mer est si transparente et si claire en Sicile, qu'il est très-souvent facile de distinguer à une grande profondeur des objets très-petits ; et quand l'eau était un peu agitée, je la calmais et la faisais devenir comme une glace formant un immense cercle autour de ma barque, avec du sable humide bien mêlé d'huile que je jetais par poignées à droite et à gauche dans l'eau

il se détournait toujours, prenant la direction suivant son caprice ou les circonstances.

Lorsque la période de la fécondation (qui a lieu d'août en décembre) arrive, les céphalopodes augmentent la grandeur de leur coquille un tiers en plus, afin d'avoir assez d'espace pour retenir leurs petits, en dedans de la spire, qu'ils couvrent de leur corps pour empêcher leur sortie. Je n'ai jamais trouvé d'eau dans les coquilles contenant les petits céphalopodes; je les ai toujours vus entourés d'une matière gélatineuse et oléagineuse.

Quand l'air est serein, la mer calme, et qu'il se croit inobservé, c'est alors que l'Argonauta se pare de ses beautés; mais il fallait que j'eusse assez de prudence pour jouir de ses riches couleurs et de sa pose gracieuse, car cet animal est très-soupçonneux, et aussitôt qu'il s'aperçoit qu'on l'observe, il rentre en un clin d'œil ses membranes dans sa coquille, s'enfuit au fond de la cage ou de la mer, et ne remonte à la surface que lorsqu'il se croit à l'abri de tout danger. Mais ceux qui avaient l'habitude de me voir lorsque je leur donnais leur repas me montraient leurs beautés comme le font les paons. C'est à ce moment que l'on peut observer leurs mouvements et une partie de leurs habitudes.

Personne avant moi n'a vu, je crois pouvoir l'affirmer, comment l'Argonauta apparaît avec ses membranes étendues sur sa coquille; la peinture seule pourrait le démontrer, et j'ai ci-joint un dessin précis que j'ai fait en 1833 (voir pl. I, fig. 1) (1).

---

(1) Je présentai les originaux de ces dessins, ainsi qu'un mémoire sur l'Argonauta, à l'académie Gioenia en 1834. Ces dessins se trouvent dans le

Le céphalopode fait doucement glisser ses deux bras membraneux à droite et à gauche du tournant de la spire, sans faire ressortir les œufs hors de celle-ci, applique les ventouses sur les pointes qui courent le long de la carène, continue à les glisser ; la coquille disparaît, conservant sa configuration naturelle, sans laisser voir toutefois les sillons de sa coquille. Ainsi, les membranes bien étendues dessus présentent une superficie argentine ; et quand le céphalopode les agite doucement, on les voit semées de taches circulaires et concentriques, avec un point noir au milieu, et entourées d'un cercle couleur d'or ; et quand les rayons du soleil brillent dessus, on voit le long de la carène une bande à forme et à couleurs de l'arc-en-ciel. C'est alors que sa pose est vraiment magnifique.

Si l'on tend les membranes d'un céphalopode de l'Argonauta, quoique resté un an et plus dans l'alcool, on verra encore paraître ces couleurs dorées, et les points noirs avec le fond argenté. Quand le céphalopode travaille à sa coquille avec ses membres posés dessus, il ne se montre que très-peu argenté (voir pl. II, fig. 6).

Réfléchissant sur la délicatesse et la fragilité de la coquille Argonauta, il me parut étrange d'en voir si rarement de cassées, et désirant en rechercher la cause, j'en pris une vivante, je la tins avec la main plongée dans la mer, je la pressai entre mes doigts : ce fut alors que je découvris qu'elle était flexible au point de faire toucher l'une à l'autre les deux

----

cabinet de cette académie, à Catane ; la copie de ces dessins et un exemplaire de mon ouvrage sont déposés à la bibliothèque du Jardin des Plantes à Paris, de même que le dessin des cages ou Aquaria. M. le professeur Owen a pris copie de ces dessins. Le texte de ce volume ne me permet pas de les y joindre, vu leur trop grande dimension.

extrémités de la grande ouverture sans la casser ; des coquilles aussi fragiles devaient posséder une flexibilité semblable, afin de ne pas être exposées continuellement à être brisées en morceaux par le mouvement turbulent et continuel de leur céphalopode, sans parler des secousses qu'ils peuvent endurer lorsque la mer est agitée. En ce cas, cela deviendrait trop funeste pour eux, car ayant perdu la coquille, ils ne seraient pas en état d'en fabriquer une nouvelle, comme je le démontrerai ci-après.

Assurée de la flexibilité de la coquille déjà mentionnée, l'animal étant vivant dans sa coquille, je voulus voir si elle aurait la même flexibilité, et après avoir été exposée à l'air pendant plus d'un an, j'en plongeai une dans de l'eau douce, et au bout de trois jours je la trouvai presque aussi flexible que les premières.

J'arrive maintenant au point le plus essentiel de mes recherches, et je vais démontrer, par des preuves non équivoques, que le céphalopode de l'Argonauta est le constructeur de sa coquille. Ma première pensée fut de répéter les observations du célèbre Poli sur les œufs de ce céphalopode, dans lesquels il découvrit le germe de la petite coquille ; mais je dois confesser n'avoir pas réussi sur ce point, bien que le microscope dont je me suis servie multipliât 7,000 fois la grosseur. J'ai obtenu un résultat différent par mes investigations ; en répétant les expériences de l'illustre physicien napolitain, je n'ai pu découvrir autre chose dans chaque coquille, qu'une masse d'œufs suspendue dans l'intérieur de la spire ; ces œufs ressemblaient à la semence du millet ; ils étaient parfaitement blancs et transparents, attachés les uns aux autres par des ligaments d'un gluten brillant, à la même tige. J'ai pris les œufs qui ont servi à cette expérience dans la coquille de la mère vivante.

Quelques jours après mes premières expériences, examinant mes animaux, je vis que beaucoup d'œufs de la grappe étaient prêts à éclore; les yeux et la bouche de plusieurs se voyaient à travers la pellicule, les autres œufs étaient parfaitement blancs. Deux jours après, je trouvai quantité de petits céphalopodes développés dans le fond de la spire, mais sans coquille; à l'aide d'une lentille, je vis encore attachées à la grappe les pellicules d'où étaient sortis les petits céphalopodes.

Il résulte de ces observations que le petit céphalopode qui vient de naître n'a pas de coquille, et j'en conclus qu'il n'en a pas dans l'œuf. Les observations de Poli ne correspondent pas aux miennes, et s'il ne s'agissait pas d'un homme si célèbre, j'oserais dire que la tunique de l'œuf a été prise pour le germe supposé de la coquille. Voulant m'assurer si le petit céphalopode commençait de son propre chef, sans aucun concours étranger, à travailler à sa future coquille, ou si la mère y contribuait en la commençant, je pris un Argonauta pendant la saison de la fécondation, et tranchant avec soin la spire, je trouvai dans la direction de son axe un petit céphalopode enveloppé dans ses membranes; entre son sac et les susdites membranes, et vis une pellicule de la même forme que la pointe de la spire mère. Je ne puis affirmer s'il en est de même de toutes, mais je serais presque portée à croire que c'est ainsi qu'ils commencent leurs coquilles; mes dernières observations ont confirmé ce fait.

Il faut avoir vu travailler le céphalopode pour se faire une idée de la célérité qu'il met à la construction de sa coquille, surtout au commencement: il serait donc facile à un millier

de petits céphalopodes de commencer leur petite coquille
dans la spire de la mère coquille pendant la saison de leur
fécondation, c'est-à-dire pendant quatre mois ; mais ceci n'est
qu'une supposition. Ce que je puis affirmer, c'est qu'ayant
enlevé une mère de dessus ses petits, j'examinai avec soin,
et je vis un petit céphalopode qui avait ses membranes appli-
quées sur son sac, dont la pointe s'était repliée en forme de
spire. Ne voulant pas le déranger, je remis la mère dessus ;
cinq ou six heures après, je repêchai mon céphalopode et je
trouvai que le petit avait déjà commencé sa coquille.

Examinant un autre Argonauta, je vis un petit céphalopode de la dimension de 9 millimètres, qui avait déjà commencé sa coquille ; l'observant avec précaution, j'aperçus
qu'entre les membranes qui se trouvaient étendues par-dessus le sac du petit céphalopode, il y avait une mince pellicule (1). Je le remis sous la mère ; six heures après, je le
visitai, et je trouvai que la petite coquille présentait déjà les
sillons. Le jour suivant, il n'était plus sous la mère. En
examinant d'autres Argonauta, je trouvai que plusieurs en
avaient deux, d'autres trois, déjà fournis de petites coquilles ;
le lendemain, ils n'étaient plus sous la mère.

Dans mes expériences en 1833, je trouvai dans un Argonauta que j'avais introduit dans la cage un petit céphalopode
avec sa coquille, et c'est le plus grand que j'aie jamais observé dans les coquilles des mères (voir pl. I, fig. 2). J'en vis
deux dans une autre coquille, mais beaucoup plus petits.
Dans l'espace de deux mois, je retirai de dedans mes Argonauta une grande quantité de petits céphalopodes avec leurs

---

(1) Il sera très-facile à un naturaliste de s'assurer de ce fait, dans la
saison de leur fécondation.

coquilles, dans une trois, dans une autre quatre et cinq à la fois.

Voulant m'assurer si les petits céphalopodes sortis de leurs œufs depuis deux jours et sans coquille pourraient exister et construire leur coquille sans le secours de leur mère, je fis les essais suivants : je pris un certain nombre de ceux qui avaient deux jours de développement, je les mis dans un vase percé des deux côtés, couvert avec de la mousseline très-claire, l'eau pouvant ainsi entrer et sortir sans que les céphalopodes pussent s'échapper. J'y introduisis des morceaux de vénus, je plaçai ce vase dans un petit panier, avec un poids dans le fond, et je déposai le tout dans la cage : en les examinant le jour suivant, je les trouvai gonflés et morts. Ce même essai répété ne me donna pas un meilleur résultat.

Je fis un autre essai pour voir si les œufs pourraient se développer sans l'aide de la mère. Le résultat fut le même que le précédent : vingt-quatre heures après, les œufs avaient doublé de grosseur; au bout de quatre jours, aucun vestige ni aucune trace ne restait de leur substance, ils étaient dissous. Je ne doute donc pas que le céphalopode prenne soin du développement et de la conservation des petits céphalopodes et des œufs, et qu'il les préserve du contact de l'eau en les couvrant d'une substance gélatineuse et oléagineuse.

Certaine que l'essai que j'avais l'intention de mettre à exécution était nouveau comme les précédents et ceux ci-après, en septembre 1833, je cassai en divers endroits les coquilles de vingt-sept Argonauta que j'introduisis dans les cages (1); trois jours après, à ma grande satisfaction, quatre

------

(1) La vraie saison de l'Argonauta est de septembre à décembre, parce que c'est le moment de leur fécondation. Ils sont plus abondants dans les

céphalopodes, les seuls qui survécurent à cette expérience, avaient réparé leurs coquilles ; plusieurs de ceux qui étaient morts avaient aussi donné commencement à la réparation de leurs coquilles. La partie restaurée est plus robuste que la coquille même, elle n'est pas si blanche et est un peu raboteuse, boursouflée ; au lieu de présenter des sillons réguliers, elle en présente quelques-uns de longitudinaux.

Mais un fait nouveau s'est présenté sur mon mollusque, c'est-à-dire qu'ayant brisé un grand morceau d'un côté de la coquille où se trouvait un céphalopode vivant, je le mis dans une cage et, en même temps, je jetai des morceaux brisés d'une autre coquille d'Argonauta ; je me mis à observer : le céphalopode voyant ces morceaux, se précipita dessus, en choisit un convenable, ensuite il l'appliqua sur sa coquille pour remplacer la pièce enlevée ; il étendit ses membranes (1) sur sa coquille et les agita pour en faire sortir le gluten, afin de souder la pièce rapportée, économisant ainsi sa propre sécrétion. Le céphalopode, malgré toute son habileté, n'a pu faire suivre les sillons, et il a appliqué le morceau avec les sillons à l'inverse de ceux de la coquille.

Je fis un second essai en enlevant deux morceaux de coquille d'un autre Argonauta ; je le déposai dans la cage, et je jetai

---

parties du port de Messine où se trouvent beaucoup de bâtiments à l'ancre. Ils sont plus communs à Messine qu'à Palerme, rares à Milazzo et à Catane. Il y a des années où ils sont très-abondants à Messine. Les marins m'apportaient dans un seau d'eau de mer tous les Argonauta qu'ils pêchaient vivants ; je les introduisais de suite dans mes cages. J'en pêchais moi-même.

(1) En 1834 j'ai comparé, après plusieurs observations, les membranes des deux bras du poulpe de l'Argonauta aux deux lobes du manteau de la cyprea, non-seulement pour connaître la manière dont ils recouvrent la coquille, mais aussi parce que de la transsudation des membres dépend la formation de la coquille ainsi que je l'ai démontré.

d'autres débris d'Argonauta : je me posai sur la cage pour voir manœuvrer l'animal. Le céphalopode chercha au fond de la cage, en allant d'un morceau à l'autre, jusqu'à ce qu'il en eût trouvé un convenable ; ensuite, il l'appliqua sur une des fractures : six heures après, je le visitai ; la pièce était soudée par une petite pellicule, mais l'autre fracture n'était pas réparée. Je restai trois heures sur la cage, afin de voir ce qu'il ferait pour réparer l'autre fracture, qui était plus petite que la première : ma patience était à bout, et j'allais quitter ma position lorsque je m'aperçus que le céphalopode cherchait au fond de la cage. Tout à coup il enleva avec un de ses bras un petit morceau de coquille, il l'appliqua sur le trou, puis il le rejeta, et recommença à chercher. Enfin, il trouva le morceau qu'il lui fallait, l'appliqua à la fracture, le souda assez solidement en quatre heures ; il nagea et mangea à son ordinaire, pendant l'opération ; le lendemain, je trouvai que le céphalopode avait renforcé les soudures des pièces rapportées. Il me semble qu'il serait impossible aux autres testacés, faute de bras, de rapiécer leurs coquilles avec des morceaux d'autres, comme le fait le céphalopode de l'Argonauta. Pour avoir un résultat plus satisfaisant, je brisai un morceau de l'extrémité d'un côté du centre de la grande ouverture à plusieurs coquilles de l'Argonauta, afin de vérifier si ces animaux, après avoir réparé ces ruptures, pourraient continuer les sillons de leurs coquilles, les ayant réparées au bout de quatre, six et dix jours. Ceux qui survécurent avaient réparé leurs coquilles ; ils continuèrent à les agrandir, et les sillons redevinrent parfaitement réguliers (1).

---

(1) Voir la lettre ci-après que **M.** Sowerby m'écrivit concernant l'*Argonauta tuberculosa*.

Je détachai plusieurs morceaux que le céphalopode avait re-
faits pour boucher les fractures : l'analyse chimique de ces
morceaux démontra qu'ils étaient composés de substance
calcaire correspondant à ceux de la coquille. Je coupai (après
avoir mesuré les coquilles) une partie de la membrane droite
d'un céphalopode de l'Argonauta, et à un autre le côté gauche. Je rompis un morceau de la coquille correspondant à la
membrane tronquée, je déposai ces pauvres animaux avec
leurs coquilles dans une cage ; l'un d'eux mourut le lendemain, l'autre cinq jours après ; examinant la coquille du
dernier, je trouvai que le côté droit avait 3 millimètres de
plus que le côté de la membrane tronquée. Continuant ces
expériences, je coupai une portion d'une des membranes à
quinze autres Argonauta, après avoir mesuré leurs coquilles : un seul survécut, il avait agrandi sa coquille de 5 centimètres ; deux mois après, de 8 centimètres de plus ; mais le
côté de la membrane mutilée était plus étroit de la partie
la plus large de la coquille de 4 centimètres que de l'autre,
et de 2 centimètres à la grande ouverture ; les pointes de la
carène étaient très-irrégulières, ainsi que les sillons, et plus
minces que de l'autre côté (voir pl. II, fig. 5) (1).

J'ai souvent répété cette expérience, et le résultat a été le
même. En 1838, j'enlevai un morceau de la longueur de
3 centimètres, le long de la carène d'une coquille de l'Argonauta, dans la partie où se trouve la raie noire, pour m'assurer si, en réparant cette partie, la couleur noire apparaî-

---

(1) Ces expériences exigent beaucoup de temps, de patience et de persévérance, parce qu'elles offrent de très-grandes difficultés. Sur cent individus,
à peine quinze survivent-ils à cette épreuve et à la captivité. Il faut aussi
avoir soin d'opérer dans la mer même, car il est indispensable que la tem-
pérature de l'eau soit toujours égale. Sans cette précaution, l'animal péri-
rait plus vite.

trait de nouveau. La coquille à peine rompue, l'animal étendit ses deux membranes par-dessus, nageant çà et là, et mangeant. Une heure après, je retirai l'Argonauta avec mon petit filet : le céphalopode avait commencé les réparations avec une légère pellicule, sur laquelle on voit la raie noire le long de la carène (1). On voit donc que la réparation de la coquille s'effectue à l'aide des mêmes substances que celles avec lesquelles elle est construite, et par la transsudation des membranes. J'envoyai cette coquille et les précédentes au professeur Owen, ainsi qu'une grande et magnifique Panopea avec son mollusque. Ayant coupé l'une et l'autre des membranes de trois céphalopodes et brisé une partie de leurs coquilles, je les trouvai morts le jour suivant, sans aucun commencement de réparation sur les coquilles, ce qui démontre suffisamment que c'est le céphalopode qui est le constructeur de la coquille qu'il habite ; d'autres essais faits dans les mêmes conditions m'ont donné de semblables résultats. On a trouvé une coquille de l'*Argonauta tuberculosa* dont les ruptures avaient été réparées, comme on le verra en se reportant à la copie de la lettre ci-après, qui m'a été adressée par M. le professeur Sowerby.

Je me procurai neuf Argonauta dont trois de 12, 14 et 15 centimètres de longeur, ayant une grande quantité d'œufs ; on en voyait à travers les pellicules qui étaient sur le point d'éclore. Je les enfermai dans une cage ; quatre jours après,

---

(1) Dans un voyage que je fis à Londres et à Paris, les illustres professeurs Owen et de Blainville m'engagèrent fortement à continuer mes expériences sur l'Argonauta. Ce dernier me fit une objection sur ce point : savoir si en brisant un morceau de la carène près de la spire, le céphalopode pourrait le refaire avec la tache noire. — Selon l'opinion de M. de Blainville, cela devait être impossible.

les trois plus petits étaient morts. Je pris le plus grand soin
des six qui restaient ; le jour suivant, il y avait dans la spire
de petits poulpes déjà éclos, mais toujours sans coquille.
Six jours après, je trouvai plusieurs de ces poulpes fournis
de coquille. Puis il survint un orage qui brisa mes cages, et
les Argonauta prirent la fuite. Mes cages rétablies, je me-
surai des Argonauta avant de les déposer dans une cage. En
dix jours ceux qui survécurent allongèrent leur coquille,
les plus petits de 27 millimètres, les plus gros de 33 millimètres. Mais ceci ne peut servir de règle ; car il y a des circonstances, par exemple à l'époque de la fécondation, où ils
agrandissent leurs coquilles plus vite (comme je l'ai déjà
démontré). Voulant m'assurer d'une manière certaine si le
céphalopode de l'Argonauta Argo ayant perdu sa coquille
pourrait en refaire une autre, je fis construire une cage de
1ᵐ 50 dans le sens de sa longueur et de sa largeur et 2 mètres
de hauteur, ouverte en dessus, doublée en dedans d'un filet
fin fixé de manière à pouvoir être enlevé à volonté ; j'attachai deux sacs pleins de pierres en dehors du fond et deux
longues cordes de l'autre côté. Après avoir sondé la mer près
du rivage, je déposai ma cage dans un endroit convenable ;
j'attachai les deux bouts de corde à un poteau de bois enfoncé
dans le sable près du rivage, afin que le courant de la mer
ne pût entraîner la cage ; sur la moitié de l'ouverture de
celle-ci, je posai une toile dans laquelle j'avais pratiqué deux
trous en guise de lunettes, pour voir sans être vue ; ensuite
je déposai dans la cage huit céphalopodes de l'Argonauta
sans leur coquille, ainsi que leur nourriture ordinaire. J'approchai ma barque de ladite cage, afin d'observer mes céphalopodes ; je vis ces pauvres animaux, très-inquiets, chercher en tout sens dans la cage leur coquille, leurs bras

membraneux traînant à terre ou pendant dans l'eau. On voyait qu'ils n'étaient pas habitués à nager sans leur coquille. Je les visitai le lendemain et les trouvai morts. Je répétai plusieurs fois cette expérience, et le résultat fut le même ; seulement ils mouraient plus ou moins vite ; je me suis ainsi assurée qu'ils n'ont jamais cherché à recommencer une autre coquille.

Pour m'assurer que le poulpe commun, *Octopus vulgaris* (Lamarck), n'avait aucun rapport avec le céphalopode de l'Argonauta Argo, j'en pris plusieurs, je les introduisis dans une cage où il y avait des Argonauta ; les poulpes communs restèrent parfaitement tranquilles. J'observai en même temps les Argonauta, qui ne cherchèrent pas à s'approcher des poulpes communs ; ces derniers, après avoir dévoré les vénus que j'avais mises pour la nourriture de mes Argonauta, sortirent en faisant glisser leur corps et leurs bras à travers les barres de la cage. J'ai répété ces expériences, et le résultat a toujours été le même.

Il était inutile de faire ces expériences, car le poulpe commun a deux sexes bien distincts, masculin et féminin, et il y a dans les œufs un caractère spécial, ce dont on peut s'assurer en comparant les œufs de ces deux céphalopodes : les œufs du poulpe commun sont ovales et plus gros ; il les dépose contre les murs, rochers et plantes marines, en forme de grappes. Le céphalopode de l'Argonauta conserve ses œufs dans sa coquille. Après beaucoup de recherches pour m'assurer si ces animaux étaient d'un sexe différent, tout ce que j'ai pu découvrir, c'est que les mêmes espèces de céphalopodes se trouvaient toujours dans la coquille de l'Argonauta, ainsi que des œufs suspendus au tournant de la spire de la coquille, et toujours sur les œufs le petit parasite dont je vais faire mention.

Tous les Argonauta que j'ai examinés, qui ont été au nombre de plus de mille, m'ont donné le même résultat.

Le petit céphalopode, unibranchi Poweri, a la forme de la pointe d'un des bras non membraneux du céphalopode de l'Argonauta. De petites ventouses partent de l'extrémité de son corps, en couronnant la tête, redescendent de l'autre côté, et vont se réunir en pointes très-aiguës. On voit dans le centre de la tête une petite tache noire que je crois être la bouche; une autre tache noire longitudinale contient les intestins (voir pl. I, fig. 4.). Voilà toute la description que je puis donner pour le moment de ce petit animal. J'en avais une quantité que je conservais dans l'alcool pour en faire l'anatomie à mon arrivée à Londres; le petit bocal dans lequel je les avais déposés se trouva cassé, et les petits animaux corrompus. Je crois que M. le professeur Owen doit encore en avoir. En 1839, j'envoyai plusieurs de ces petits mollusques au professeur Gabrielle Costa de Naples pour en faire l'anatomie. Il m'écrivit qu'il ne les avait pas reçus. Ce petit céphalopode que j'avais pris dans mes premières observations pour un petit poulpe, se trouve toujours sans aucune exception sur les œufs de l'Argonauta, et n'ayant jamais rencontré de mâle parmi les Argonauta, j'ai réfléchi sur ce petit animal, j'ai communiqué mes réflexions à plusieurs de mes amis, et je suis portée à croire que ce petit animal sort de l'œuf même du céphalopode de l'Argonauta, et qu'il en est le mâle. En 1834, j'en pris plusieurs sur les œufs de l'Argonauta, je les mis (après les avoir mesurés) dans un récipient : le lendemain, ils avaient 4 millimètres de plus; le troisième jour, ils acquirent 3 centimètres de

longueur, et 4 millimètres de largeur à la partie de la tête
(voir pl. I, fig. 4). Je n'en ai pas vu de plus gros que ce dernier.

Si la coquille Argonauta n'appartenait pas au céphalopode
qui l'habite (comme la majeure partie des naturalistes le prétend), se trouvant emprisonnés dans la cage où je les rete-
nais depuis plus de trois mois, ils auraient pu se glisser à
travers les barreaux de la cage, qui étaient suffisamment
écartés pour permettre aux céphalopodes de fuir sans leur
coquille et d'aller chercher ailleurs une autre coquille semblable (qu'un célèbre naturaliste dit appartenir au Nucleobranchiate qui, selon la théorie de **M.** de Blainville, devait
être proche parent de l'Atlanta et carinaire), d'en détruire
l'animal et de s'emparer de sa coquille ; mais, pour cela,
comme le fait observer le célèbre professeur Owen (1), il faudrait qu'il en changeât trois fois la semaine, sinon tous les
jours.

Il est étonnant qu'on n'ait pas encore découvert cette espèce
de carinaire, car il doit être de grande dimension, au moins
1 mètre 1/2 en longueur, pour avoir une coquille telle que
celle de l'Argonauta Argo, qui acquiert souvent plus de
20 centimètres de longueur. S'il existait, il aurait été très-
difficile qu'il échappât à mes investigations, car non-seulement j'ai exploré le détroit de Messine, pendant plus de
vingt ans, mais encore beaucoup d'autres points sur les côtes
de la Sicile, ainsi qu'aux pêcheurs qui m'apportaient tout ce
qu'ils trouvaient de rare.

Je puis affirmer que dans l'espace de dix années, j'ai sou-

---

(1) Voir ci-après les rapports qu'en a fait l'illustre professeur Owen, en
1839, 1844 et 1858.

vent renouvelé toutes ces expériences ; je ne les note pas, pour éviter d'inutiles répétitions.

Ce n'est pas, comme on l'a vu, sur un matériel d'animaux morts ni sur des suppositions, des opinions et des discussions que j'ai basé mes sérieuses études, mais sur des animaux vivants, sur leurs mœurs, nourriture, fécondation, reproduction, réparation de la coquille de l'Argonauta et de sa formation, etc., etc.

C'est par ces expériences que j'ai résolu ce problème sur l'Argonauta Argo que les savants naturalistes cherchaient à résoudre depuis plus de deux mille ans (1).

----

(2) Les Argonauta qui ont servi à mes expériences sont déposés au musée de l'académie de Catania ; mais la majeure partie a été remise au professeur Owen, qui les a placés au musée du collège royal des chirurgiens, Lincolns Innfiields, à Londres, où l'on peut les voir. Outre les Argonauta donnés par moi aux sociétés scientifiques, à mes correspondants et à mes amis, qui étaient nombreux, j'en possédais une quantité conservée dans l'alcool, et d'autres Argonauta qui avaient aussi servi à mes expériences ; mais j'ai eu le malheur de les perdre dans un naufrage, ainsi que tous les objets d'histoire naturelle et d'antiquité qui composaient mon riche cabinet.

D'ici à peu de temps, je publierai des observations sur d'autres animaux et sur les coquilles fossiles de la Sicile et de la Calabre, ainsi qu'un ouvrage intitulé *la Sicile*.

A Madame POWER.

Madame,

    D'après le sujet qui vous intéresse, et comme preuve de l'exactitude de vos observations sur la manière dont le poulpe de l'Argonauta Argo forme sa coquille, je prends la liberté de vous faire part que j'ai en ma possession un *Argonauta tuberculosa*, qui, au premier temps d'accroissement, eut ses bords rompus en presque totalité et d'une manière très-irrégulière. Ils se trouvaient comparativement irréguliers au commencement de leur réparation; mais à une distance de deux pouces environ de la partie rompue, le bord est actuellement revenu aussi parfait, aussi régulier que s'il n'eût éprouvé aucun accident; un des petits tubercules marqués sur le côté droit de l'ouverture a presque disparu, et celui sur le côté gauche est plus gros et mal formé; les petits tubercules pourtant ont repris leur régularité et leur netteté.

    Je suis, Madame,

        Votre très-obligé.

            G.-B. SOWERBY.

APPENDICE.

M. le chevalier Alban de Gasquet, capitaine de frégate, se trouvant à Messine au commencement de 1835, vint me voir différentes fois, accompagné des officiers de sa frégate. Lui ayant fait part de mes découvertes concernant l'Argonauta, il les trouva très-intéressantes, et me dit que je devrais les envoyer à l'Institut de Paris; qu'il avait un ami, M. Rang, officier au corps royal de la marine, qui se chargerait volontiers de les présenter en mon nom à l'Institut. Je lui remis donc sur l'Argonauta Argo une copie en italien écrite de ma propre main et accompagnée d'une lettre à l'adresse de M. Rang, laissant ignorer à M. Rang et à M. de Gasquet que le contenu dudit mémoire avait été lu en 1834 à l'Académie Gioenia de Catania, comme l'on peut le voir par les journaux cités ci-après.

Peu de temps après, je reçus avis de M. de Gasquet que mon mémoire et ma lettre avaient été exactement remis à M. Rang. N'ayant pas reçu de réponse de M. Rang, quoiqu'il se fût écoulé un laps de temps assez long, je lui écrivis de nouveau; il garda un silence obstiné.

Me trouvant à Londres en avril 1837, j'appris que M. Rang, abusant de la confiance que j'avais eue en lui, et profitant de mes observations, les avait insérées dans sa note sur l'Argonauta Argo en date de 1837, c'est-à-dire trois ans après mes publications de Catania, et deux ans après l'envoi que je lui fis de mon mémoire (1).

Après cela, je ne puis me rendre compte comment M. Rang a pu insérer le passage suivant dans sa note présentée à l'Institut par M. de Blainville en 1837, page 11 (2).

« Nous vîmes M. de Blainville, et nos observations le « frappèrent; il consentit à remettre une note de notre « part sur le bureau de l'Institut, et voulut bien se charger « avec M. Duméril d'être le rapporteur de nos observa- « tions. »

« M. de Blainville avait alors entre les mains les observa- « tions intéressantes que Madame Power venait de faire « sur l'Argonauta, et qui nous avaient conduit à de nou- « velles découvertes. »

M. Rang prétend avoir découvert en 1837 l'usage des membranes du céphalopode de l'Argonauta Argo, découverte que j'avais déjà faite en 1833 et qui avait été communiquée, lue en 1834 à l'académie Gioenia de Catania, et sur laquelle le professeur C. Maravigna avait fait un rapport inséré dans le *Journal du cabinet littéraire de l'Académie Gioenia de Catania,* en décembre 1834. Deux autres rapports avaient

---

(1) Il paraît qu'il a mal interprété la note qui lui avait été confiée, comme on peut s'en apercevoir à la façon dont il a traité la question.

(2) Voir *Documents pour servir à l'histoire naturelle des céphalopodes,* par M. Sander Rang, 1837.

encore été faits dans le même journal par les professeurs
Ch. Gemmelaro et di Giacomo.

On voit bien que M. Rang n'a pas connu l'usage des susdites membranes, puisqu'il ne dit pas qu'elles servent à la
fabrication et à la réparation de la coquille. Il prétend que
la membrane ne sert absolument que pour maintenir la coquille afin qu'elle n'échappe pas au céphalopode, tandis
qu'elle sert, comme je le dis dans mon mémoire, à la fabrication et à la réparation de sa coquille brisée.

Le céphalopode nage avec les bras membraneux en dedans
de la coquille ou sur la coquille, selon son caprice. Il nage,
l'extrémité des membranes appliquée sur les spires de la
coquille, et quand la mer est calme et qu'un vent léger les
enfle, on voit naviguer sa petite embarcation.

Je ne m'amuserai pas à critiquer la note de M. Rang; je
crois, du reste, que ce serait un travail parfaitement inutile, car pour tout le monde, les études de M. Rang n'ont
pas même l'ombre de la vraisemblance; et quoiqu'il ait eu
entre les mains, comme il le dit lui-même, les observations
antérieures que j'avais faites, il n'est pas arrivé à livrer au
public des études qui dénotent en lui le moindre mérite;
cependant, je me permettrai quelques observations sur les
fautes graves qui existent dans sa note. Non-seulement ses
observations sont erronées, mais ses dessins sont incorrects,
et la manière dont ils sont présentés démontre parfaitement que M. Rang n'a pas étudié avec cette minutie et cette
persévérance qui sont nécessaires pour arriver à une connaissance exacte des mœurs et des habitudes de cet animal :
c'est pourtant ce que M. Rang veut nous faire croire. Il n'a
donc pas réussi dans ses observations, et pour arriver à un
résultat pareil, il n'était pas nécessaire de prendre à mon

égard un ton protecteur, car quoique mes études soient antérieures, elles sont sérieuses, exactes, et l'animal, tel que je le présente, a le mérite du naturel. Je le reproduis tel que je l'ai vu, tel qu'il existe, et tel que tout observateur pourra s'en convaincre.

Le dessin de M. Rang qui représente l'Argonauta rampant sur le dos, pl. 86, est inexact.

Jamais l'Argonauta ne lève ainsi les bras en l'air.

Le corps et les membranes ne sont pas d'un brun foncé.

Les taches de rouge enjolivent très-bien, mais elles n'existent pas.

Les six bras ne sont pas proportionnés.

Les deux bras membraneux qui se trouvent étendus sur la coquille ne présentent jamais ces taches rouges ni cette vilaine raie bleue (voir ma description).

Dessin 87. Les six bras sont représentés de la même longueur, tandis qu'il y en a deux, à droite et à gauche des yeux, qui sont beaucoup plus courts.

Le siphon n'a que la moitié de la grosseur nécessaire.

Les œufs ont parfaitement l'air de branches d'arbustes. M. Rang a l'intention de leur donner la forme d'une grappe de raisin ; mais est-il possible que des œufs qui sont réunis par des filaments très-minces et d'une matière molle puissent se soutenir en l'air comme une branche d'arbuste? Si l'on prenait une grappe de raisin, bien que son bois soit plus fort que les filaments d'une matière gélatineuse qui réunissent les œufs, en tenant la pointe de la grappe en l'air, les raisins ne se maintiendraient pas, ils se pencheraient.

Dessin 88. Mêmes fautes pour les œufs ; la coquille est mal dessinée, et le côté de la membrane qui couvre la grande ouverture de la coquille est orné de ventouses qui n'existent pas.

Ensuite M. Rang dit, page 23 : « Nous avons cru reconnaître que dans ses mouvements en pleine eau, le céphalopode de l'Argonauta se tenait le dos en haut, et par conséquent le tube locomoteur en bas; cependant, il est vrai de dire que nous ne l'avons pas vu constamment ainsi. »

J'affirme que la position du céphalopode dans sa coquille ne varie jamais.

M. Rang dit encore, page 52. n° 5 : « L'animal et la coquille sont constamment dans une grandeur proportionnelle. »

J'affirme que cela n'est pas, comme je l'ai noté dans mes mémoires : quand le moment de la fécondation arrive, ils agrandissent leur coquille de plus d'un tiers, afin de pouvoir laisser dans le fond de la spire l'espace suffisant pour retenir les petits poulpes qui tombent de la masse d'œufs.

Enfin, M. Rang s'est beaucoup étendu sur ce sujet-là; et ses propres observations sont très-inexactes.

*M. Thomas **BELL**, v.-p., à la tribune* (1).

Il a été présenté par M. le professeur Owen, une collection du plus haut intérêt de l'Argonauta Argo composée des animaux et de leurs coquilles de diverses grandeurs, de leurs œufs dans des états variés de développement, et de coquilles fracturées en différents états de réparation, et sur lesquelles le professeur Owen a commenté, et à qui le tout avait été envoyé à cette fin par Mme Jeannette Power. M. Owen a dit que ces objets faisaient partie d'une grande collection, illustration de l'histoire naturelle de l'Argonauta, et se basant spécialement sur la question si longtemps débattue du droit du céphalopode d'habiter la coquille de l'Argonauta et d'être considéré comme le véritable constructeur de cette coquille.

Cette collection avait été formée en Sicile en 1838, par Mme Power, qui, à cette époque, était engagée à répéter ses expériences et ses observations sur l'Argonauta, ayant alors pleine connaissance de la nature du petit parasite Hectocotylus, qui l'avait induite en erreur en ce qui avait rapport au développement de l'Argonauta dans une suite d'expériences antérieures décrites par elle dans les relations de l'Académie Gioenia, 1836. Comme cette erreur avait été saisie quelque peu illogiquement, pour déprécier la valeur d'autres observations détaillées dans le Mémoire de Mme Power, M. Owen a observé qu'il était très-satisfaisant, et a prouvé que les parties les plus importantes de son Mémoire, avaient été ensuite confirmées par un zoologiste français, M. Sander Rang, M. Owen a ensuite passé au résumé de ces points :

---

(1) Extrait du rapport du professeur Owen, séance du 12 février 1839, de la Société zoologique de Londres.

1° En ce qui se rapporte à la position relative du céphalopode à la coquille, Mme Power, dans son mémoire de 1836, décrit le siphon comme étant situé au centre de la carène de la coquille opposée à la spire. M. Sander Rang, qui a fait ses observations sur l'Argonauta dans le port d'Alger, après avoir eu connaissance des expériences de Mme Power, dit, dans son Mémoire publié dans le *Magasin de Zoologie*, Guérin (1837), que dans tous les Argonauta observés par lui, le siphon et la surface ventrale du céphalopode se trouvaient invariablement placés contre l'extérieur ou carène de la coquille, et l'opposé ou surface dorsale du corps près la spire involue.

2° En ce qui concerne la position relative des bras du céphalopode à la coquille, et l'usage de la paire de bras dorsale, appelés généralement voiles, Mme Power avait décrit ces bras à voiles comme étant placés près de la spire de la coquille, sur laquelle ils étaient doublés et portés en avant de façon à couvrir et cacher toute la coquille, et de laquelle ils étaient en certaines occasions retirés dans l'Argonauta vivant : elle a en outre fait la découverte importante que ces membranes étalées étaient les organes de la formation originale et de la réparation subséquente de la coquille, et avec raison et génie, les a comparées dans son Mémoire de 1836 (1), aux deux lobes du manteau de la Cypræa. Ces faits sont décrits comme le résultat d'observations sérieuses; mais

---

(1) Ce mémoire avait été lu à la réunion académique de décembre 1834, comme on peut s'en assurer par le rapport qu'en fit le professeur C. Maravigna, inséré dans le *Journal du cabinet littéraire de l'académie Gioenia de Catane*, décembre 1834. On peut aussi s'assurer que la *Gioenia* ne publie pas ses Annales tous les ans, elle attend d'avoir assez de matière pour former le volume de ses annales. C'est ce qui a été cause que mes mémoires de 1834 et 1835 n'ont été publiés qu'en 1836.

Mme Power entretenant la croyance commune de l'action et des usages de ces bras à voiles dans la marche du céphalopode, entre dans des considérations en rapport avec leur force proportionnelle en relation à ce fait hypothétique. Les observations suivantes de M. Sander Rang ont pleinement confirmé la vérité des observations de Mme Power et sa description de la position relative des ainsi nommées voiles de l'Argonauta; et il a publié des dessins pour illustrer ce fait.

M. Rang confirme la découverte de Madame Power, sur la faculté que possède le céphalopode pour la reproduction de sa coquille, mais il n'a pas pu conserver son Argonauta assez longtemps pour voir la complète déposition de la matière calcaire dans la nouvelle substance par laquelle l'Argonauta avait réparé la fracture faite exprès à sa coquille.

Il y a d'autres observations dans le Mémoire original de Mme Power, relativement à la grande flexibilité et élasticité de la coquille vivante de l'Argonauta; la grande extensibilité et l'action pompante du siphon en locomotion; l'usage des bras à voiles pour retenir la coquille avec fermeté sur le céphalopode; la grande voracité de l'Argonauta, les résultats constants et fatals en le séparant de sa coquille. Tous ces détails sont du plus haut intérêt et de la plus grande nouveauté dans l'histoire de ce mollusque problématique, et quelques-uns d'entre eux ont reçu confirmation dans le mémoire de M. Sander Rang.

Nonobstant cependant tant de faits additionnels apportés à l'appui des relations qui existent entre la coquille de l'Argonauta et l'animal qui l'habite, M. Owen a observé que les principaux malacologistes qui soutenaient la théorie parasitique, s'étaient à plusieurs reprises prononcés pour sa vérité, et M. Rang lui-même, bien qu'évidemment penchant en faveur de ce qu'il avait observé à l'avantage de la question opposée, semble céder à l'autorité de M. de Blainville, et se déclare dans un état complet d'incertitude sur ce sujet : « Nous nous trouvons en ce moment dans la plus complète incertitude. »

Dans cet état de la question , une collection de spécimens d'Argonauta, semblables à ceux que Mme Power avait soumis à l'examen de la société Zoologique, était de la plus grande importance, si on les considérait impartialement et logiquement par rapport aux points en question. M. Owen dit : qu'ayant étudié cette collection avec beaucoup de soin, il allait, en premier lieu, se restreindre aux observations et aux arguments, qui se présentaient naturellement à la suite de l'examen des spécimens eux-mêmes, sans parler de quelques détails historiques dont ces spécimens étaient accompagnés lorsque Mme Power les lui fit parvenir.

La collection des Argonauta, céphalopodes à coquilles, conservés dans l'alcool, comprenait 20 spécimens, à diverses périodes de leur âge, le plus petit ayant une coquille qui ne pesait pas plus de 1 gramme 1/2, les autres atteignant graduellement jusqu'à la grandeur commune d'un individu adulte.

L'attention de M. Owen s'est portée d'abord sur la position du céphalopode relativement à sa coquille. Dans chaque cas cette position correspondait à celle qui s'observe dans le Nautilus à perle, le *siphon et la surface du ventre du céphalopode se trouvant placés près de la carène large formant le mur externe de la coquille, la surface dorsale du corps près du mur interne ou spire involue.*

Dans la plupart de ces spécimens les bras à voiles qui sont les plus rapprochés de la spire involue, étaient retirés ; mais dans quelques-uns des plus grands ils avaient été admi-

rablement conservés dans un état d'expansion et de flexibilité complètes, et dans leur position naturelle, comme enveloppe de la coquille.

Un second fait, d'un poids considérable dans le point dé-
battu du parasitisme de l'Argonauta, était démontré par
l'étude de cette collection, c'est-à-dire que dans dix des plus
jeunes exemplaires il n'y avait pas d'œufs dans la coquille,
mais que le corps du céphalopode occupait toute la ca-
vité de la coquille à laquelle il correspondait exactement
en forme.

Il n'était guère possible, observa M. Owen, de contempler
ces spécimens sans avoir la conviction que le corps avait
servi comme moule sur lequel la matière de la coquille avait
été déposée; quant aux membranes expansives des bras dorsaux auxquelles l'office de calcification était assigné par
Mme Power; il faudrait se rappeler que ceux-ci étaient en
effet des reproductions essentielles du manteau et possé-
daient la même construction.

Ce n'était que dans les plus petits exemplaires cependant,
que le corps remplissait la coquille; quand l'ovarium commence à grandir, le corps se retire du sommet de la spire et
l'endroit abandonné est occupé principalement par la sécrétion muqueuse de l'animal jusqu'à ce que les œufs y soient
déposés.

M. Owen alors a rappelé aux membres présents que dans
des discussions antérieures sur la nature de l'Argonauta,
il avait opposé à la théorie parasitique une observation
faite par lui sur une série d'Argonauta d'une espèce dif-
férente de celle de l'Argonauta Argo, tous pris en même
temps, et de différentes grandeurs et degrés de croissance,
c'est-à-dire, la correspondance exacte entre la grandeur des

coquilles et celle de leurs habitants, chaque petite différence dans la grandeur des derniers étant accompagnée de différences proportionnelles dans les grandeurs des coquilles qu'ils occupaient.

La collection de jeunes Argonauta de Mme Power a donné les moyens de pousser plus loin cette comparaison, et M. Owen n'a pas seulement fait ceci par rapport à leur grandeur relative, mais il avait aussi pesé la coquille et son habitant séparément, du plus petit des spécimens jusqu'à celui dans lequel l'ova était pleinement développé dans l'ovarium. La note ci-dessous a démontré les poids et mesures de dix de ces spécimens alternés de cette série.

	A	B	C	D	E	F	G	H	I	K
(1) Weight of the Shell...	grs. $1\frac{1}{2}$	grs. $3\frac{1}{2}$†	gis. $3\frac{3}{4}$	grs. $4\frac{1}{8}$	grs. $7\frac{3}{4}$	grs. $16\frac{1}{2}$	grs. $17\frac{1}{2}$	grs. 18	grs. 19	grs 46
Weight of the Inhabitant..	18	21	24	$41\frac{+}{+}$	62	$82\frac{1}{2}$	165§	179	214	384
Length of the Shell ||.....	lines. 8	lines. 11	lines. 12	lines. $12\frac{3}{4}$	lines. 15	lines. $22\frac{1}{2}$	lines. 23	lines. $24\frac{1}{2}$	lines. 27	lines. 37

M. Owen a remarqué, que la correspondance de l'agrandissement progressif de l'habitant et de la coquille, bien que non strictement conforme, était si près de présenter, dans son opinion, une objection insurmontable à la théorie parasitique que dans chaque cas l'habitant d'une coquille plus grande pesait plus que celui d'une plus petite, même quand la différence dans le poids de la coquille n'était qu'un demi grain ; tandis que le peu d'irrégularité observé dans l'augmentation progressive des deux pouvait, en chaque cas, être reconnu, soit par l'élargissement de l'ovarium, ajouté au

---

(1) Magazine of Natural History, New Series, 1837, p. 248.

poids, sans un agrandissement proportionnel des superficies de l'individu ; ou d'un autre côté, à un agrandissement plus rapide dans l'épaisseur de la coquille à des périodes antérieures de sa croissance, ou bien à un plus grand développement des procédés de l'ouverture de la coquille, comme une particularité individuelle de l'Hermit Crabs « Paguri. »

Dans une collection de ces jeunes parasites les plus petits spécimens se trouvent communément dans des coquilles d'espèces variées, et fréquemment très-disproportionnés en grandeur ; le cas est contraire pour les jeunes Argonauta. Ces jeunes céphalopodes, observa M. Owen, croissent, comme le reste de cette classe, avec une grande rapidité; les différences de grandeur de plusieurs des jeunes Argonauta en question correspondaient avec les différences d'âge de quelques jours au plus de telle sorte que la certitude des observations ci-dessus faites par M. Owen sur deux séries de deux espèces distinctes d'Argonauta peut être admise (1).

Un naturaliste entretenant la théorie parasitique devra être forcé de supposer que le jeune ocythoë, ou céphalopode est engagé dans une guerre perpétuelle avec l'hypothétique Nucleobranchiate constructeur de la coquille de l'Argonauta, dont le jeune céphalopode devrait changer deux ou trois fois par semaine, sinon tous les jours, pour produire les correspondances ci-dessus décrites. Et cependant, bien que chaque céphalopode prolifique de l'Argonauta envoie

---

(1) Elles sont d'accord avec M. Poli et avec les observations de M. Prévost, fondées sur une suite d'exemplaires de l'Argonauta de la dimension d'un à deux pouces à trois et quatre pouces. Ces observations sont notées par M. de Blainville dans son mémoire de 1837 (p. 10), mais sans les déductions que j'ai tirées des mêmes faits.

au monde des centaines de petits qui devront être ainsi pourvus, et bien que, sur l'hypothèse parasitique, des centaines des hypothétiques Nucleobranchiate, constructeurs de la coquille de l'Argonauta dussent peupler le port de Messine, où Mme Power obtint les spécimens avec lesquels elle a pourvu son vivarium de mollusques d'Argonauta, et quoique M. de Blainville ait appelé l'attention spéciale des naturalistes sur le véritable constructeur hypothétique de la coquille de l'Argonauta, comme un desideratum en Malacologie; et enfin quoique ce mollusque hypothétique Nucleobranchiate dût, selon la théorie de M. de Blainville, être allié de très-près à l'Atlanta et à la Carinaria, et par conséquent à une espèce Pélasgique surnageant, qui se trouve généralement sur la surface de l'Océan; encore avait-il échappé à l'observation des chercheurs actifs et nombreux qu'on avait engagés à explorer les richesses zoologiques de la Méditerranée dans diverses parties de ses côtes.

Il est inutile de répéter ce qui à rapport à la non-découverte d'aucun autre habitant de l'Argonauta que le céphalopode, ce qui ne peut *être rangé au nombre des arguments, parce que ce qui n'a pas eu lieu jusqu'à un moment déterminé, peut se montrer le moment suivant.* Une telle observation pouvait seulement avoir force argumentative en l'absence d'autres faits, démontrant combien il était improbable qu'un Ptéropode surnageant ou Heteropode, suffisamment abondant pour avoir suppléé tous les Argonauta de la Méditerranée avec leurs coquilles, aurait pu échapper à toute observation.

M. Owen a dit ensuite qu'il avait fait l'anatomie de chaque individu de l'Argonauta dans la présente collection dans lesquelles l'absence des œufs dans la coquille laissait le sexe

douteux, et que toutes se sont trouvées être femelles ; ce
fait rend naturelle la conjecture que les membranes bra-
chiales calcifiantes, et conséquemment la coquille, pouvaient
être des caractères sexuels particuliers à la femelle mais à
raison de la rareté bien connue des mâles en comparaison
des femelles dans d'autres espèces de céphalopodes, cette
conjecture était rendue jusqu'à un certain degré improbable.

Si cependant, il venait à être prouvé à la suite que l'Argonauta femelle ne possédait ni coquille ni organes de sécrétion, ce fait ne rendrait pas plus soutenable l'hypothèse
de parasitisme de la femelle, qui possède en effet des membranes calcifiantes.

En ce qui concerne la coquille de l'Argonauta , le professeur Owen observa, que tout argument fondé sur des observations de coquilles séchées dans les cabinets, ne pouvait
qu'avoir une tendance à égarer l'observateur. Les exemplaires de Mme Power ayant été dernièrement pêchées, et
conservés dans l'alcool faible, manifestaient beaucoup de la
transparence et de l'élasticité de la coquille vivante. Il était
évident ainsi que la lumière agirait en développant un point
de couleur sur le corps de l'Argonauta ; et ce fait est im-
portant relativement au septième argument dans le mémoire
de M. de Blainville, de 1837, page 4, dans lequel il émet l'assertion que ces parties des mollusques qui sont couvertes avec
une coquille sont toujours blanches ou sans couleur ; mais
que le manteau enveloppant le corps de l'Argonauta est fortement coloré. Si le but de M. de Blainville avait été de
prouver que le céphalopode n'habitait pas une coquille du
tout, la force ou le but de cette observation aurait été intel-
ligible ; mais la question n'est pas si le corps du céphalopode
est ou n'est pas couvert d'une coquille, mais s'il fait ou

s'il vole cette coquille. Mais probablement l'argument , fondé sur l'opacité présumée de la coquille de l'Argonauta, a été avancé seulement pour prouver, que jusqu'à un certain période de son existence le céphalopode était nu, et que la coquille de l'Argonauta a été prise seulement comme objet temporaire, comme par exemple oviposition. Les observations cependant, que j'ai publiées eu 1836, (*Encyclop. d'anatomie*, art. Céphalopode, page 544), prouvaient que le jeune céphalopode de l'Argonauta avait la coquille avant le période d'oviposition, et que le corps remplissait entièrement la coquille à ce période-là. La collection actuelle établit encore plus clairement ce fait que la coquille de l'Argonauta n'est pas prise par le céphalopode pour un objet temporaire; car la coquille qui protége les jeunes serait entièrement incomplète comme nidus pour l'ova de l'animal adulte; et ainsi à quelle fin, dans la théorie parasitique, est la coquille assumée par le céphalopode avant que son ovarium ait reçu l'incitation du développement sexuel?

Dans les exemplaires récemment pêchés par Mme Power, la coquille, après avoir été immergée pendant quelques heures dans l'eau, a regagné autant de sa flexibilité normale. Ce fait sert à démontrer son pouvoir de s'élargir avec le volume mobile provenant de l'action respiratoire et locomotive de l'habitant (1). Les inductions, par conséquent, que la collection actuelle d'Argonauta de diverses grandeurs et âges soutenaient légitimement, étaient exactement d'accord avec la croyance de Mme Power, que le céphalopode était

---

(1) Dans la lettre de M. de Blainville sur le parasitisme de l'Argonauta (1837), l'assertion suivante est offerte comme 10e argument : le mode de locomotion et de respiration de ces animaux par la contraction et la dilatation alternative du sac, ne permet pas d'admettre qu'il y ait adhérence de la peau avec la coquille, à moins que celle-ci soit flexible et élastique, et suive tous les mouvements de celle-là, ce qui est bien loin de la vérité.

le véritable constructeur de la coquille, tandis qu'aucune
inférence contradictoire n'avait été ou ne pouvait être dé-
duite d'un examen des exemplaires mêmes.

Quant à la seconde série d'exemplaires, c'est-à-dire,
des œufs de l'Argonauta dans des différents états de développement, M. Owen a donné un rapport détaillé des faits
nouveaux et intéressants qu'ils révélaient. Dans l'ovarium
le plus avancé, la distinction de la tête et du corps était
établie ; la couleur des yeux, l'encre dans la vessie de cette
encre, les couleurs des taches sur la peau, étaient distincte-
ment développés ; le siphon, le bec, presque sans couleur et
presque transparent, et les bras mêmes pouvaient être reconnus avec une puissance microscopique faible ; les bras
étaient courts et simples ; les membranes de sécrétion de la
coquille n'étaient pas développées, et de coquille elle-même
il n'y avait aucune trace.

Dans le second mémoire de Madame Power, 1838, il a été
dit que le jeune Argonauta sort de l'œuf, nu, 25 jours après
l'oviposition, et que dix à douze jours après elle découvrit
qu'ils avaient formé leur petites coquilles. M. Owen exprima
son regret qu'il n'y eût pas des exemplaires dans la collection présente indiquant le commencement de la formation
de la coquille ; c'était une chose à désirer, mais, que le résultat des observations sur le développement de l'ova du mollusque en général, obtenu par la science, serait grandement
surpassé, si un pour cent des espèces de mollusques con-
nues pouvait être assujetti à un tel examen ; il ne pouvait
donc admettre, ni même comprendre, la raison de regarder
le période de développement d'une production simplement
en germe comme la coquille, comme étant sujette à une telle
loi précise établissant que sa non-apparence dans un mol-

lusque à l'état d'embryon, avant d'être exclus de l'enveloppe de l'œuf, devait être considéré comme preuve positive que ce mollusque ne devait jamais, après, avoir le pouvoir de former sa coquille.

Maintenant il était évident, de l'observation des exemplaires de Mme Power, indépendamment d'aucun détail y ayant rapport, que les membranes dilatées des deux bras dorsaux ne sont pas formées jusqu'à ce que le développement de l'embryon soit bien avancé : si, par conséquent, ces bras membraneux sont, comme le dit Mme Power, les organes de sécrétion de la coquille, cette coquille peut n'être pas formée jusqu'après l'exclusion du petit Argonauta.

La preuve que les bras possèdent, comme les expansions du manteau de la Cypræa, une puissance calcifiante, a été fournie par la troisième série des exemplaires sur la table de la Société. Celles-ci consistaient en six coquilles de l'Argonauta, dont Mme Power avait détaché des morceaux de coquille pendant que les Argonauta étaient vivants et pleins de vigueur dans ses Aquaria marins. L'une des coquilles avait été enlevée de l'animal dix minutes après la brisure; un autre Argonauta avait vécu dans l'Aquarium deux mois après avoir été assujetti aux expériences; les autres exemplaires constatent des périodes divers entre la brisure de la coquille et sa réparation. La coquille brisée premièrement décrite avait la brisure réparée par une légère et transparente pellicule; le morceau détaché avait été pris du milieu de la carène.

Dans un second exemplaire, la matière calcaire avait été déposée par la membrane sur les bords de la coquille où elle adhérait; dans un troisième exemplaire, de la carène duquel une portion de la coquille avait été ôtée à environ 2 pouces de l'ouverture de la coquille, toute la brisure avait été réparée par une couche calcaire, différent seulement par sa plus grande opacité et irrégularité de forme de la coquille normale. Dans l'exemplaire retenu le plus longtemps après la brisure, une portion avait été détachée du bord de la coquille ; ici la matière près du bord cassé présentait l'opacité caractéristique de la substance réparatrice, mais la transition de cette substance dans la matière de la coquille, ajouté subséquemment dans le progrès ordinaire de croissance, était tellement graduelle, dans la résumption de la matière réparatrice et nette de la coquille, qu'il était impossible de douter sinon que la réparation aussi bien que la croissance subséquente avait été l'effet de la même influence. Les parties réparées de la coquille réagissaient précisément comme la coquille ordinaire avec de l'acide nitrique.

Mme Power visita la Sicile de nouveau en 1838, et envoya au professeur Owen, en 1840, une description de ses expériences et observations sur l'Argonauta Argo, faites pendant les mois d'octobre, novembre et décembre 1839, et le professeur Owen, ayant récemment reçu de Mme Power les exemplaires de l'Argonauta sur lequel elle avait expérimenté, et qui confirment d'une manière satisfaisante l'exactitude du détail des expériences et des conclusions contenues dans sa lettre, elle communique la traduction suivante à la section Zoologique de l'Association.

Suit la lettre de Mme Power.

Madame Power fait allusion au fait d'avoir transmis, par l'intermédiaire du chevalier Alban de Gasquet, capitaine de frégate qui se trouvait à Messine au commencement de

---

(1) Extrait du rapport du professeur Owen, en date de 1844.

1835, et à sa demande pour son ami, M. Sander Rang, officier supérieur au Corps Royal de la Marine, un mémoire de ses observations et expériences sur l'Argonauta Argo, faites en 1833 et 1834, et qui sont notées par M. Rang dans son mémoire sur l'Argonauta publié en 1837 (1).

Une lettre adressée par M. G.-B. Sowerby à Madame Power, qui lui faisait connaître qu'il possédait un exemplaire de la coquille de l'*Argonauta tuberculosa,* qui avait été brisée et réparée de la même manière, qui prouvait l'exactitude de ses observations.

Le second mémoire de Madame Power était illustré de trois dessins d'une très-grande beauté de l'Argonauta Argo dans des positions diverses, avec les bras membraneux étendus sur la coquille, et à demi, ainsi qu'entièrement retirés.

Dans l'introduction sur la division primaire, ou les attributions du règne animal qui forme le sujet de l'article publié en 1858, par le célèbre professeur Richard Owen, sous le titre de Mollusca, on observe que ce fut Aristote qui avait le premier classé certains membres sous le nom de Malakia, ce qui en latin vulgaire est équivalent à Mollusca, page 319.

Page 328 de cette même introduction, on lit ce qui suit, sur les Aquaria :

« La connaissance des diverses variétés de mollusques vivants et de leur embryologie, a fait de grands progrès, qui ne peuvent aller qu'en augmentant depuis qu'on a pris l'habitnde de les enfermer dans des réceptacles clos d'eau de mer

---

(1) M. Sander Rang a inséré mes observations dans son mémoire, au lieu de les présenter à l'Institut comme il avait été convenu avec M. de Gasquet, et comme j'avais prié M. Rang par deux lettres à lui adressées directement.

ou d'eau fraîche. Poli, Montagu, et d'autres naturalistes avant eux, habitant les bords de la mer, ont fait usage de grands vases d'eau de mer fréquemment renouvelée, pour garder en vie les Zoophytes qui faisaient l'objet de leurs études. Mais, ainsi que le prouve le témoignage du professeur Carmelo Maravigna, communiqué au journal littéraire de l'Académie de Gioenia, à Catane (décembre 1834), c'est à Mme Jeanne Power (née de Villepreux), que revient particulièrement l'honneur de la découverte et de l'application raisonnée des réceptacles appelés aujourd'hui *Aquaria*, propres à l'étude des animaux marins en général et des mollusques en particulier.

On doit à Mme Power, trois genres de ces appareils; le premier en verre, disposé pour la conservation et l'étude des mollusques vivants, dans un cabinet; le second, aussi en verre, muni d'une armature extérieure qui permet de les submerger dans la mer comme de les en faire sortir pour l'observation ; enfin un troisième modèle approprié aux mollusques de plus grande dimension qui pouvait être immergé dans les bas fonds de la mer avec des ancres, la partie supérieure se trouvant assez hors de l'eau pour que l'on pût étudier les mollusques qui s'y trouvaient.

Ce furent ces trois modèles, dont le premier a reçu le perfectionnement des Aquaria en usage aujourd'hui, qui servirent à Mme Power depuis 1832 à 1842, pour ses observations à Messine, en Sicile.

Elle détermina la question du véritable rapport de l'*Argonauta* (Paper Nautilus), avec la coquille en forme de bateau qu'il habite. Elle a démontré la première que les bras membraneux qu'on désignait sous le nom de voiles se trouvaient effectivement appliqués sur l'extérieur de la coquille, et confirma que ceux-ci étaient les organes qui formaient et réparaient la coquille (1).

Elle a prouvé que la Bulla lignaria faisait sa proie du Dentalium entale, qui, avec son gésier puissant, le broyait et ensuite arrivait à le digérer. Elle a décrit les manœuvres curieuses par lesquelles l'Atrospecten Aurantiacus (vulgairement appelé Étoile de mer) s'emparait et introduisait dans son estomac de petites Natica.

Plusieurs autres faits du plus haut intérêt furent mis en évidence, grâce aux savantes et persévérantes recherches de la naturaliste par le moyen de l'application des Gabioline à la Power, nom que l'Académie Gioenia a donné à ses Aquaria (2).

Page 402, Argonauta. La discussion portait sur l'anomalie entre la coquille et le mollusque qui s'y trouvait renfermé ; comme il n'existait aucun nerf attaché à la coquille du céphalopode, on ne se rendait pas bien compte comment ce dernier pouvait quitter sa coquille et survivre dans le vase pendant quelque temps.

Mme Power a observé la première, et a fait part de cette observation que la fonction de la membrane brachiale consistait à maintenir la coquille unie au corps, ainsi que le montre la figure n° 2, où l'on voit la membrane soulevée au-dessus de l'enveloppe, qui peut néanmoins la recouvrir en entier. Elle a démontré également par expérience la fonction

----

(1) Ragguaglio delle osservazioni ed esperienze fatte sullo Argonauta Argo (L.) da Madama Jeannette Power. Prof. C. del Maravigna, Messina, in-8°, 1836, et Atti Academici catania, 1838.

(2) Relazioni per l'anno 13 dell' Academia Gioenia, Catania 1837. Osservazioni fisiche sopra il polpo dell' Argonauta Argo, lette nella tornata de 26 novembre 1836, p. 25.

de cette membrane dans le travail de formation et de réparation de la coquille. Elle enleva des parcelles de coquilles
aux mollusques plongés dans ses Aquaria, et les observa
dans cet état assez longtemps pour démontrer le mode et les
phases de la reproduction des parties enlevées de l'enveloppe.
En coupant à fleur le point de jonction du corps du mollusque à la coquille, elle put l'observer assez longtemps, quoique mutilé, pour montrer qu'il n'y avait aucune croissance
de la membrane du côté coupé, tandis qu'il y avait excrois-
sance considérable dans la branche prolongée qui formait le
vertèbre du mollusque.

Des spécimens de coquilles, montrant cette inégalité de la
poussée de l'enveloppe et le rôle de la membrane furent transmis par Mme Power à l'auteur du présent article, qui avait
attiré l'attention de la savante naturaliste sur ce fait excep-
tionnel (1).

---

(1) M. le professeur Owen a fait d'autres rapports que je n'insère pas
pour abréger le volume.

OUVRAGES DE Mme POWER.

Itinéraire de la Sicile, gros volume.

Mémoire sur la reproduction des mollusques conchylifères.

Mémoire géologique sur les terrains et les fossiles de la péninsule, de MILAZZO.

Ouvrage sur la Sicile, fort volume avec une carte géographique et trois cartes topographiques de SIRACUSA, GIRGENTI et SELINUNTE.